沈蕾　戴云　朱嵘　编著

你的孩子
不是你的

上海交通大学出版社
SHANGHAI JIAO TONG UNIVERSITY PRESS

内容提要

　　本书是一本母婴类书籍，观点、内容来自于东方都市广播899驾车调频《辣妈朋友圈》的主播和两位常驻嘉宾，这是一档以准妈、辣妈为主要诉求对象，帮助答疑解惑的母婴类节目。本书通过主持人和母婴专家及心理专家们对话的方式，轻松活泼地为读者展现了妈妈最关心的话题，涉及生育时间、胎教、离乳、带娃旅行、宝宝教育等各个话题，胎盘如何处理？宝宝的牙齿怎么保护？在这本书中，读者均能找到答案。你还是无所适从的新手妈妈吗？翻开这本书，和沈蕾一起变成刀枪不入的魅力辣妈吧。

图书在版编目（CIP）数据

　　你的孩子不是你的 / 沈蕾, 戴云, 朱嵘编著. —上海: 上海交通大学出版社, 2017
　　ISBN 978 - 7 - 313 - 17439 - 0

　　Ⅰ.①你⋯　Ⅱ.①沈⋯　②戴⋯　③朱⋯　Ⅲ.①婴幼儿—哺育　Ⅳ.①TS976.31

　　中国版本图书馆CIP数据核字（2017）第129390号

你的孩子不是你的

编　　著：沈蕾　戴云　朱嵘

出版发行：上海交通大学出版社　　　　地　　址：上海市番禺路951号

邮政编码：200030　　　　　　　　　　电　　话：021-64071208

出 版 人：郑益慧

印　　制：上海景条印刷有限公司　　　经　　销：全国新华书店

开　　本：880 mm×1230 mm　1/32　　印　　张：7

字　　数：129千字

版　　次：2017年7月第1版　　　　　　印　　次：2017年7月第1次印刷

书　　号：ISBN 978-7-313-17439-0/TS

定　　价：39.80元

如 果 错 过

《你的孩子不是你的》，书名是我起的。

呵呵，标题党？抓眼球？搞营销？

好像都有一点。

记得那天讨论，这近似残酷而又不近人情的八个字不知是怎么蹦出来的，一阵议论，一阵沉默，居然采纳。我不知道当时在座的其他作者和出版社的编辑们和我的共情来自哪里？

你的孩子不是你的？自然一笑而过，但对我来说，真的有点扎心有点痛。

儿子的儿时是我最"忙"的日子，父子交流的时间少得可怜，想着以后的日子还很长，不急，我的孩子是我的。

可等他渐渐长大，相对无言的时刻却越发多了起来，许多终于想好的话题还是咽了回去，终于逮到一问一答的机会，才知道我离他的生活已经很远了。那一天，我在开车，他蜷在后排，我说，今天的电影怎么样？他拉下耳机，"啊？还好"，然后继续睡。

有档电视节目，主持问我父子相处的片断，实在想不出动人的故事，只是依稀记得，那些应该最亲密的日子，总是，他一早上学，我还在床上补觉，晚上回家，他已在梦乡，于是，在黑暗中摸到他的床边，提一提原本盖得很好的被子，亲一下额角，算是他的爸爸了。然后，见到醒来的他，已是每星期的双休日，其实那两天，也难得见面，先是下楼的脚步声，然后是冰箱的关门声，再然后他在他的房间可待一整天，而那两天，我被分派的保洁维修临时工也让我不敢懈怠。

　　忽然有一天推开关了一天的房门，想看他，他忽然停止了所有动作，像雕塑一样，那一刻，时间很长很尴尬，还是他先说话："老爸，没事你可以先出去吗？"，他还是一动不动，声音像从石膏像里飘出来的，我像得到特赦令，胜利大逃亡。以后，我养成了敲门的习惯。

　　后来也一直安慰自己，天下这样的老爸肯定不是我一个，我的孩子是我的。

　　儿子从小就和他妈睡在一起，三人从没睡过一张床。那是单位分的房，两室户，8平米的卧房容不下大床。他出生后，我在那个兼书房的客厅里天天打地铺，春夏秋冬，寒来暑往，倒是为以后的野外跋涉探险打下基础。记得早上醒来的第一件事就是去看他，推门总是他妈搂着他说，"你看呀，他来喽！"，总觉得我和他们不像是一起的，我知道他和他妈好，但我也从不担心，我的孩子就是我的。

你的孩子不是你的

五年后，咬牙买了带楼梯的房子，有了自己的床，还有客房里空着的床，而我却养成了一个人睡的习惯。

2006年5月，那一年，儿子8岁。新房的墙壁上铅笔线画出了他第一个身高的标记1米35，"过来，站好！"，儿子居然站得笔挺，我拿着卷尺铅笔三角板，把他挪来搬去，尽量拖延时间，那一刻，我的孩子是我的。

走道门廊的墙壁上一道道铅笔划痕至今还在，我一直觉得，儿子的长高是和我的记录有关，直到有一天，再喊"过来"的那时候，他直奔二楼而去。最后一道划痕是1米81，他已经大一了。身体越长越高，话题却越来越少。我的孩子还是我的吗？

已经记不太清，当年学心理学，除了因为去电视台做"相伴到黎明"的主播，是否也还想着可以运用到如何与儿子相处上？拿到国家二级心理咨询师的资格证书后舒了一口气，想着以后可以和儿子重新开始，顿感底气十足。

但是，一切好像都太晚了。在他需要我的时候，我正被其他生活内容占据着。心理学只能解释，它帮不了我。

"辣妈朋友圈"节目播出已有一年半了，关于孩子成长的话题依然源源不断，父母和孩子相处远不是父母两人能够完成的，沈蕾、戴戴、朱医生、段涛等以"过来人"、专家的身份提出观点，供你汲取、参考和选择。孩子的成长也是父母成长的过程，你不介入就没有陪伴，就没有交流，就没有共同成长，就像我那样错过。

"辣妈朋友圈"节目还在继续，你应该不会再像我一样，如果真的错过了不该错过的时刻，你便拥有了这个书名。

上海东方都市广播899驾车调频总监

晓林

2017年6月25日

你的孩子不是你的

你的孩子不是你的

作为一个妈妈，现在细细地回想起来，我的孩子真正属于我的时间是怀胎的10个月，那10个月我到哪里他到哪里，我一切的行动都要"带球操作"。那10个月里的每一天他都属于我，他在我体内，妥妥的是我的。

从呱呱坠地的那一刻，他就不是我的了。这个小生命变成了一个真实的、可以触碰、可以看见的个体，于是，爸妈、公婆、老公、亲戚、朋友，所有的人都会来插一手。他们会对你循循善诱、苦口婆心、唠唠叨叨。所有的"过来人"都可以来当你的老师，告诉你不可以这样，不可以那样。也许本意都是好的，但不可否认，他们也干扰着母亲的选择。

中国父母常常说的一句话是——我走过的桥比你走过的路多。但事实上，在这个信息大爆炸的时代，我们可以轻松获得各类知识，互联网以及各种APP让我们得以快速掌握过去可能要几代人积累获得的经验。

那么，有了丰富的知识，妈妈们就可以"我的孩子我做主"了吗？仔细想想也不尽然。

有一些父母觉得，我们把孩子带到了这个世界上，而且把孩子养大，所以孩子应该感恩。所谓的"身体发肤，受之父母，不敢毁伤，孝之始也。立身行道，扬名后世，以显父母，孝之终也"。

以孝推君臣之礼，本是古代君王治人之术，后来却成了世代流传的文化基因，造就了当下"密切"依旧的中国式亲子关系。在这层亲子关系中，既包含父母对子女的"过分"关爱（这也造成了武志红所说的"巨婴"现象），也包含父母对子女的"过分"期待（多表现为过多干预子女的选择）。所谓的妈宝、催婚、父母为子女挂牌相亲这类社会现象，其实都是对这双重"过分"的侧面反映。而父母插手第三代教育这件事，则更是这一双重"过分"发生的重灾区。

80后、90后这批被时代和家庭所"溺爱"的独生子女早已从"超女"的青春时代不知不觉过渡到了为人父母的年纪，我的节目《辣妈朋友圈》的听众中，很大一部分就是这样一群从独生子女家庭走出的母亲。她们较之她们的母辈，具备了更丰富的知识和更为多元的获得知识的途径；她们大多在一个受到关注的家庭环境中长大，因而对于自己孩子的抚育也更为讲求"精致"；她们拥有更为广阔的视野和开放的思想，这让她们能更为理性地、平等地对待自己的孩子。

她们是独立优秀的女性，因而她们渴望用更为科学合理的、而非纯经验论的方式来抚养教育自己的孩子，正是教育观念上的分歧成为很多年轻妈妈不愿意自己母辈插手孩子教育的一大原因。同时，尽管她们是优秀的女性，但正如网络金句所言，读了很多书依然过不好自己的人生，在为人母的领域里，这些"辣妈"在实战中依旧手足无措。一堆母婴书并不能全面地告诉她们养育孩子的点滴，自身的知识储备在面对一个鲜活的小生命时也总显得捉襟见肘。

当初我开设《辣妈朋友圈》这个栏目，正是为了给和我一样的年轻妈妈们解答她们遇到的点滴问题，而如今出版本书，也是为了从生活日常的角度，为这些努力地为孩子营造更为良好的成长环境的妈妈们提供更多实用的参考。

我们都爱自己的孩子，这本书是我作为妈妈给自己的礼物，也是给很多像我一样努力探索的妈妈们的礼物。但正如我们长大后会或多或少反感父母对自己的干涉，我希望，读到这本书的妈妈们，在爱宝宝的同时，也给他们留下更多自由成长的空间。

我也想说本书中的专家意见也只是参考而非标准答案。只有当你把主动权、决定权交还给孩子，不管你的孩子多小都有自己做主的权利，那才是一切可以重新开始的时候。

最后，引用我很喜欢的纪伯伦的一段诗，与妈妈们共勉：

你们的孩子并不是你们的孩子。

他们是生命对自身的渴求的儿女。

他们借你们而来，

却不是因你们而来，

尽管他们在你们身边，却并不属于你们。

你们可以把你们的爱施予他们，

却不能施予思想，

因为他们有自己的思想。

你们可以建造房舍荫庇他们的身体，

但不是他们的心灵，

因为他们的心灵栖息于明日之屋，

即使在梦中，你们也无缘造访。

你们可努力仿效他们，却不可企图让他们像你。

因为生命不会倒行，也不会滞留于往昔。

你们是弓，你们的孩子是被射出的生命的箭矢。

那射者瞄准无限之旅上的目标，

用力将你弯曲，

以使他的箭迅捷远飞。

让你欣然在射者的手中弯曲吧；

因为他既爱飞驰的箭，

也爱稳健的弓。

上海东方广播中心主持人

沈蕾

辣妈和她的朋友圈

沈蕾，上海东方广播中心899驾车调频《辣妈朋友圈》、《阿拉上海人》主播，从业25年。

朱嵘，也称朱医生，牙医出身，现为母婴专家和月子会所所长，早年曾和沈蕾共同主持过《性情中人》，成为"万人迷"。当年的女大学生粉丝已经成长为辣妈一代，朱医生也成功地和粉丝们无缝对接。

戴云，也称戴戴，妇产科副主任医生兼医院管理工作，自称非典型妇产科医生，在公立妇产科医院工作20余年后，转战中高端民营医院，尝试另一种更温暖的医疗方式。因家有6岁小女与辣妈朋友圈结缘。

段涛，第一妇婴保健院前院长，妇产科专家，江湖人称"段爷"，网络大V，热爱科普，开设有公众号"段涛大夫"，拥有大批女粉丝。戴医生的导师和领导，沈蕾的崇拜对象。

你的孩子不是你的   001

目　录

第1章

早生好还是晚生好？

我国有关部门就产科生理、优生和人口控制这三方面的研究提出：妇女最适宜的生育年龄为 25～29 岁。临床实践证明，妇女在此年龄段，生育力最旺盛，子宫收缩力最好，出现难产的机会较小。研究表明，在 25～29 岁，先天愚型婴儿的发生率仅为 1/1 500；30～34 岁为 1/900；35～39 岁则上升到 1/300；45 岁以上竟达 1/40。另外，母亲年龄过大，还常常会导致婴儿出现其他染色体异常及体力、智力先天不足。

微信 (128)	辣妈朋友圈 (1076)

沈蕾

年轻的时候我算是一个喜欢孩子的人！我记得在我实习的时候还因为在后台逗一个同事的孩子而误场，为此还挨了人生第一次极其严肃的批评。真的到了所谓的适婚年龄却阴差阳错地一直单着。我是 40 岁的时候才结婚的，当时作为"齐天大剩"的我也是"被催一族"。我的母亲以"再不生你就生不出了"为由告诫我要速速了断。好在那时我的年龄和阅历已经让我足以对此应付自如了。我问母亲："你到底是需要我结婚还是需要一个孩子？"母亲想了想，答："孩子。"我便笑了，"这个问题也是很容易解决的，我找个人，生个孩子，但我要告诉你的是，只是生个孩子。你觉得可以吗？""那怎么可以呢？""哦——还是要水到渠成对吧。"这样的对话每年都会在饭桌上反反复复上演许多回。

你的孩子不是你的

戴戴

早生好还是晚生好，这是一个没有标准答案的问题。就像人生的大部分问题一样，合适的就是最好的。以早点生娃为目的的结婚都是瞎扯淡，年纪大了想明白了再生孩子也是好选择。

从生理健康角度来说，当然年轻点生娃好，妈妈身体状态好，土壤肥沃有生机，孕育胚胎的环境相对好，孕期并发症少，产后恢复也快。但从心理的角度来说，年轻可能就成为劣势了。门诊常常会碰到有些年轻女孩根本还没准备好承担做母亲的责任，仅仅因为父母说要生就生了，也不好好听医嘱，也没兴趣学习育儿知识——反正爸妈会带娃！

沈蕾

沈蕾

"早生好还是晚生好"这个问题，从我的个人经验来看，我认为还是晚生好。这也是我和我妈无数次辩论的话题。虽然早生孩子的理由很多：精力充沛，恢复迅速，父母年轻身体也好，还可以帮忙带孩子……但是我觉得大家往往忽略了一点：年轻妈妈自身的成长完成了吗？

 你的孩子不是你的

截截

当了这么多年的医生，从内心深处来说还是偏好接待年龄大一些的孕妇，偶尔和同事说起，居然大家都有同感。最有共鸣的一点感受就是"讲得清"，比如你让她控制孕期体重，只要讲清道理，一般高龄孕妇都能把自己的饮食管理得很好。可能是因为年纪大些总是成熟些吧，或者社会阅历丰富些，或者更懂得珍惜吧！

沈蕾

 朱医生

我坚决地赞成早生好。在大自然当中，无论是植物开花结果还是动物生育后代,遵循的都是"优胜劣汰,适者生存"的自然法则。非人为的状况下，植物开花不可能太早，动物繁衍也不存在太早，一切都是顺其自然、合乎天理地发生。所以，人类作为大自然中的一分子，同样遵循大自然的规律，"能生则生"就是对生命规律最好的解读。世间万物，芸芸众生，谁具有生育能力，谁没有生育能力，都是自然的选择。这样的选择，远比人为的判断要精确一千倍，高明一万倍。

你的孩子不是你的

沈蕾

我身边也有许多生得早的朋友，甚至闺蜜。最早的一个19岁就生孩子了，现在女儿25岁，一出门这一对母女着实是吸引眼球。但是19岁的年轻母亲当年的艰辛，无人能够体会。在自己世界观、人生观还没有成熟建立的时候就要面对一个孩子的养育，力不从心是必然的，所幸的是她的先生还是有经济实力的。如果是两个年轻人自己的工作都没有着落又如何支付孩子的一大笔开销呢？！如若再遇上个渣男，人生就更是不知会变成什么样！话说回来，年轻时又有几个女孩是眼睛擦亮的呢？一次一次撞了南墙后的转弯才换回如今阅人无数后的淡定。这种阅历用在选老公、选和你一起孕育孩子、构建家庭的伴侣身上，是可以基本做到弹无虚发的。

朱医生

 戴戴

我自己是个标准的高龄妈妈，周围很多朋友也是，比如沈蕾，也不知道是谁影响了谁。

栽栽

我觉得高龄产子一点也没啥特别或者稀奇的，我自己也从没在孕期休过病假，一样干活，一样搬家，一样吵架（那时还有接待纠纷的任务），神勇得不得了，以至于到了怀孕8个月了还有老病人略带疑惑地问：医桑医桑，侬是伐是也怀孕了？哪能一点看伐出来啦，还以为侬胖了点！

盘点一下自己的感受：一是能够在孕期产后保持理性（当然这点跟我自己是产科医生也是密不可分的），一点都不作，心态一直很平和也很积极；二呢，因为带娃的关系，始终让我保持了对生活的新鲜感和好奇心，自然也就显得年轻不落伍。当然体力不够充沛肯定是高龄妈妈的"硬伤"，不过换个角度看也未必是坏事。以我的经验，为了带娃重新调整自己的时间分配，砍掉一些不必要的应酬和活动，反而能让作息更健康，工作社交似乎也不会耽误。

沈蕾

所以，我们就有必要来说说这最佳的生育年龄段了，25岁到30岁是职场的上升期，需要你用大把的时间来打下职业基础，没日没夜的加班、开会外加出差，女人大多是把自己当男人用。那些都是你攒下的职业资本！上海话里叫"吃萝卜干饭"。在生完孩子之后很多职场女性甚至没有休完产假就上班了。谁不想歇着呀！但是心里慌慌啊！怕的是什么？当然是怕位子被别人占了。

你的孩子不是你的　　😀 ➕

沈蕾

> 人的一天只有24小时，除去睡觉的8小时，大多的新妈妈如果晚上是自己带并哺乳的话，睡眠还不足8小时，4、5小时了不得了，而且还是断断续续的。这样的状况如何重返战场？又如何叱咤风云？那好，全权交给父母，甚至晚上也是跟着外婆、奶奶睡。大家应该知道3岁前孩子的父母，尤其是母亲的陪伴的重要性吧！在生命的头三年，是父母和孩子建立亲子关系的重要时期。尤其是第一年，是孩子形成对父母依恋的关键时期。这个时期如果错过了，是不可逆的，也是很难弥补的。在快节奏的都市生活中，作为父母，我认为可以给孩子的最奢华的礼物，不是多昂贵的玩具，不是多高规格的全托机构，而是陪伴的时间，是爸爸妈妈高质量的陪伴。但时间对于还在职场上升期并对自己职业发展有愿景规划的30岁左右的女性，简直是个奢侈品。

 朱医生

> 有别于男性精子的产生，女性的卵子在她还在母亲子宫里发育的时候就分化产生了，并一直储存在卵巢中。在进入青春期之后，机体才每个月从中提取一个排出。卵巢就好比是一个储存卵子的冷藏库，无论储存的条件有多么好，储藏的时间超出了保质期，变质的可能性就会成倍增加；而存储的周期越短，卵子就越新鲜，活力就越强，由此产生的新生命也就越健康。单纯从卵子质量优劣的角度，生儿育女当然是越早越好。

你的孩子不是你的

戴戴

说到年纪大了生育能力会下降，我觉得现在年纪轻的生育能力也不咋滴，不孕不育门诊年轻人多的是，不见得都是半老徐娘。有的年轻姑娘胡乱减肥，减到脂肪只剩一点点，月经也不来了，跟着就是不孕的问题。有的仗着年轻，夜夜加班或玩乐，苦熬或乐熬，打乱了生活节奏，当然内分泌也跟着乱，想生娃了发现不行了。总之，年龄不是生育的绝对因素，只要在 20 ~ 45 岁的范围内，保持身体健康，怀孕都是有可能的。

 朱医生

沈蕾

就是啊！随着时代的飞速发展，年龄已经不再是生育的一道坎，导致女性不孕发生的那些原因，比如卵巢功能异常、多囊卵巢综合征、排卵障碍、激素水平异常、子宫发育异常、输卵管堵塞等，高科技的治疗手段也都能对症下药了。当然这个技术层面的问题我们可以交由戴医生来详细解答。据说，号称"生育的后悔药"的冷冻卵子也已经问世，当然争议颇多。

你的孩子不是你的　　　　　　　 007

沈蕾

2015年8月3日，韩寒在微博发声力挺在美国将自己的卵子冷冻的徐静蕾。他称："自己的卵子自己还不能用了吗？女性不能独立行使生育权利吗？未婚女性怀孕，准生证都不给，生育必须要和找个男人结婚捆绑吗？"这一番话也在网络上引起了热烈讨论。从硬件、技术层面上，可以支撑女性延迟生育的手段已日趋成熟并不断发展。

 朱医生

当然，人除了自然属性之外，还有社会属性。越来越多的年轻人在生理上早早地具备了生育的能力，但是在心理上却还是个不成熟的孩子。有那么多人提倡晚婚晚育，为的是等爸爸妈妈在心理上渐渐成熟。但是，在岸上学好了游泳的技法再下水就可以不呛水了吗？意外落水之后在挣扎中学会游泳，何尝不是一种快捷有效的手段呢？要知道，谁都不是在学会了为人父母之后才为人父母的。再称职的父母也是在为人父母之后，通过不断学习、不断提高，才渐渐称职起来的。既然如此，何不早早地成为父母，伴随孩子的成长而成长为合格的父母呢？

戴戴

其实对于"何时生最好"这个问题还真没有绝对答案，除了生理、经济、心理等因素外，找个合适的人一起生娃养娃其实是个更值得考虑的问题。

你的孩子不是你的

戴戴

遇到合适的人才能愉快地度过孕期，遇到合适的人才能给娃一个温暖的养育环境，遇到合适的人才能一家人幸福地生活。所以，如果有一个合适的人，那么就生吧！管他是早还是晚！

 沈蕾

我认为，作为一名职场女性，要对自己的人生道路与职业生涯早做规划，然后再计划怀孕。在职场站稳脚跟，才能在怀孕后不必看任何人的眼色，合法、合理、合情地回家休息，心安理得地度过围产期，不用怕单位不同意，更不用怕丢饭碗。

戴戴

 朱医生

你的孩子不是你的 009

朱医生

生育或早或晚都是相对的，但总得有一个相对合理的范围。中国传统医学认为，女性的生命周期以七为单位，二七十四岁进入青春期，三七二十一岁至五七三十五岁为最佳生育年龄，七七四十九岁则进入更年期不再具有生育能力；男性的生命周期以八为单位，二八十六岁进入青春期，三八二十四岁至六八四十八岁为最佳生育年龄，八八六十四岁则进入更年期不再具有生育能力。由此可见，男性的最佳生育年龄为24 ～ 48岁，女性的最佳生育年龄为21 ～ 35岁，在这个范围内宜早不宜迟。

段爷

在宫内时期，女性胎儿所有的卵子就已经完成了第一次减数分裂，因而在出生时就带有她一生中所有的卵细胞。她的生日就是她所有卵子的"生产日期"，像食品一样，卵子也是有保质期的，"出厂"20年和"出厂"35年的卵子质量是不一样的，"出厂"45年的卵子基本上就过了保质期了。

你的孩子不是你的

结 语

　　说实话，这是一个没有标准答案的话题。每个人的实际情况都不同，这里面包括了经济条件、个人理想、工作机遇、家庭环境等，当然还需要考虑另一半的意见，毕竟生孩子是两个人的事情，需要共同商量后才能做出决定。我觉得当务之急是你需要想清楚一个问题：自己最想要的是什么，是事业还是家庭、孩子？

　　如果经济条件宽裕的，早生也是件挺不错的事情，各种好处就不用多说了。如果自己的生活都还拮据或者压根没有做好要当父母的心理准备，那这事咱不急，首先把自己的生活理顺了（尤其是夫妻间稳定的婚姻状态），然后再来迎接新生命吧！

第2章

胎教练就神童？

胎教，汉族传统生育习俗之一。古人认为胎儿在母体中能受孕妇言行的感化，所以孕妇必须谨守礼仪，给胎儿以良好的影响，名为胎教。《大戴礼记·保傅》书：古者胎教，王后腹之七月，而就宴室。

朱医生

胚胎发育到第13周，就具备了听力，这是人最早建立的感觉。而所谓的胎教，就是通过对胎儿有意识地给予声音的刺激，从而促进其智力更好发展的一种措施。奥地利古典音乐大师莫扎特，是全球公认的一位"音乐神童"：3岁开始弹钢琴，6岁开始作曲，8岁写下了第一部交响乐，11岁便完成了第一部歌剧，14岁时指挥乐队演出了该歌剧。支持音乐胎教的人，时常把莫扎特当作音乐胎教的典范四处宣扬，声称莫扎特之所以成为天才神童，就是因为在他出生前接受了大量的音乐胎教。莫扎特生于音乐世家，母亲身为专业乐师，即使身怀六甲，也不得不成天以演奏音乐来维持生计，于是无意间的音乐胎教就孕育出了一代音乐神童。

1993年，加利福尼亚大学欧文分校的劳舍尔（F.H.Rauscher）和肖（G.L.Shaw）等人在《自然》杂志上发表一篇题为"音乐和空间任务能力"的文章。

你的孩子不是你的

朱医生

文章说，大学生在听了莫扎特的经典音乐后进行的智商测试中，空间推理能力明显提高，与听放松指令和不听音乐时相比，听了音乐的大学生IQ（智商得分）提高了8分或9分。此结论一出，立即产生了巨大的社会效应。从此人们认为听古典音乐有助于提高儿童智商，让孩子听古典音乐成为一时的风尚。

戴戴

胎教已经被玩坏了！用个什么东西对着肚子讲故事、放音乐就能够让宝宝提升智力；用个手电筒对着肚子照来照去做光胎教；弄个仪器发出某种频率的声波刺激胎儿大脑发育，等等。某胎教仪的宣传软文中写道："科学研究表明，坚持使用科学的胎教仪进行胎教，对于胎儿的大脑发育，以及其他身体机能的成熟和发育有很大的促进作用，具体表现为受胎教的宝宝在智商、情商、语言和艺术天赋、动手能力以及身体素质等方面都明显优于没有胎教的宝宝。"这些真的靠谱吗？我个人认为很值得怀疑。

子宫内是幽暗的，但绝对不是无声的，母亲的心跳，血流的声音，肠蠕动的声音，胎宝宝都能够"听"到，加上外界传入子宫内的声音，这些声音其实已经够嘈杂了，为什么还要额外增加胎宝宝的听觉负担呢？即使是大人，总是处在声音嘈杂的闹市应该也不会愉快吧！

你的孩子不是你的　　　　　　　　　😊 ⊕

戴戴

> 至于把麦克风或者仪器直接贴在肚子上放音乐则是最危险的一种方式，等于让胎宝宝处在放大的噪声中一样。
>
> 至于那个声称经过胎教的孩子的情商、智商，甚至身体素质都比较高的"科学研究"就更不科学啦，每个孩子的智力、身体先天都不一样，对于个体来说，根本就没法判断经过胎教是否能够提高智力和体质。如果做群体对照的话，样本是否足够大？追踪时间是否足够长？是否考虑到后天的养育环境问题？总之，不靠谱！

沈蕾

 朱医生

> 考虑到"莫扎特效应"的重大意义，德国联邦研究部授权由9名精通音乐的神经科学家、心理学家、教育家及哲学家组成的研究小组，专门研究"莫扎特效应"问题。这个研究小组在近期的《自然》杂志中刊载的研究报告指出：被动地聆听古典音乐和提高智商并无必然联系，听音乐并不一定能变聪明，要确认儿童接受音乐训练是否会提高智商还有待进一步研究。

  你的孩子不是你的

朱医生

虽说不同的学者尚未得出一致的结论，但是我认为：教育儿童既不能忽视音乐的作用，也不能过分强调音乐的作用。而用音乐对于腹中的胎儿开展胎教，至少有以下两方面的积极作用：

第一，从怀孕第四个月开始，每天定时定量听一些古典音乐，可以帮助胎儿获得充分的乐音刺激，并且使之成为其安全感的一个重要组成部分。而一旦宝宝降生之后，同样的音乐再度响起，就能令他仿佛回到子宫那般熟悉，母体以外的世界不再那么陌生可怕，安全感油然而生。

第二，听胎教音乐的过程，与其说是胎儿学习的过程，不如说是亲子互动交流、父母提升艺术修养和情趣的过程，古典音乐的鉴赏可以大大提升父母的文化素养，而高素养的父母是养育优秀下一代的重要保障。

沈蕾

我想几乎所有的孕妈咪都会多听听音乐，多看看可爱宝宝的照片，抽空多跟宝宝说说话，多散步，保持心情愉快，等等。做到以上这些，就是胎教了吗？我怀孕的时候对胎教也是一知半解，记得当时因为怀孕，有大把时间可以拿来看片。一天我喜滋滋地准备看那年的奥斯卡获奖影片《为奴十二年》，影片才开始了没几分钟，剧中就开始鞭打黑奴。

你的孩子不是你的

沈蕾

我正看得津津有味呢，我婆婆坐不住了："这个对孩子不好吧！关了关了！"老公无奈地关上了电视。那看什么呢？我爱看的间谍片、神怪片估计都别想了！那时我是比较感性地意识到，看什么、听什么是会对腹中的胎儿有影响的。

朱医生

戴戴

其实我也不是反对胎教，我反对的是以商业利润为目的的所谓"胎教"，但是胎教这件事本身其实是源远流长的。中国最早的胎教可以追溯到周文王的母亲。周文王的母亲怀孕后，"目不视恶色，耳不听淫声，口不出敖言"，还经常"令瞽颂诗，道正事"，什么意思呢？就是不看、不听、不说淫秽邪恶的事，品行端正，注意自己的言谈举止，还找了一个盲人专门给她朗诵正向积极的诗歌，为什么找了一个盲人呢？原因是盲人看不见东西，所以内心会特别宁静，他颂诗会更平和清透。

  你的孩子不是你的

沈蕾

当年闲得慌的我常常搜度娘上的怀孕知识解闷（当然度娘里坑爹的内容也很多），然后才知道，胎儿确实可听到妈妈的说话声！科学家研究证实，在某种声音下，胎儿在仪表上显示的心跳速度增快。在怀孕30～34周之间，约有80％的胎儿会有这类反应，到了怀孕40周左右，几乎所有的胎儿对于声音都有心跳加快的反应。胎儿对不同的声音有不同的反应，据说他们最喜欢妈妈的说话声、小鸟的鸣叫声和风吹风铃的声音。此外，胎儿也有讨厌的声音，如摩托车的引擎声，汽车的紧急刹车声，大声叫嚣的人声，妈妈发脾气的声音等。如果你能经常以温和的声调和胎儿交谈，你的声音能使胎儿产生安全感。

当然爸爸低沉的男低音也是宝宝很喜欢的哦！我看过一篇文章，里面说其实爸爸说话比妈妈更管用，因为男性的声音有穿透力，比女性的声音更容易穿透腹壁进入胎儿的耳朵，所以要让肚子里的宝宝多听听爸爸的声音哦！

 戴戴

你的孩子不是你的

戴戴

南怀瑾大师的弟子周勋男先生在《中国古代的胎教和胎养》中也提到，古籍记载："胎前静养，乃第一妙法。不校是非，则气不伤矣；不争得失，则神不劳矣；心无嫉妒，则血自充矣；情无淫荡，则精自足矣。安闲宁静，即是胎教。"这岂止是胎教，作为修道者的座右铭也足矣。

所以我们很容易发现，老祖宗提倡的胎教是通过母亲的教养来影响、熏陶腹中的胎儿，使其贤良、健康、仁义、聪慧，最终能对国家有所贡献。

沈蕾

另外听说运动也能使胎儿的大脑活化。妊娠中的运动，不仅对分娩有帮助，也能有效地改变孕妈的心情，更重要的是，运动能使孕妈充分吸入氧气。胎儿是通过脐带来摄取氧气与营养的，如果母亲能充分地吸入氧气，胎儿的大脑就会因为充足的氧气而变得活性化，所以，孕妈适量的活动可使胎儿的头脑更灵敏，但剧烈的运动效果适得其反。

还有人认为短途旅行也是一种很好的胎教。妊娠第六个月是最适宜孕妈咪短途旅行的时机。这时，胎儿渐渐安定，而离生产还有一段时间，孕妈咪身体还比较便于活动，不妨选一个好天气，与肚子里的宝宝和准爸爸一起享受一下外出度假的乐趣。

你的孩子不是你的

沈蕾

在制定旅行计划时，要考虑到肚子里的宝贝，行程不能太紧，也不能太累。可以选一个空气清新的、安静的地方，最好离家不要太远，比如我当年就尿频得厉害，长于两小时的车程都会令我紧张。其实去哪里并不重要，重要的是风景宜人，且有准爸爸相陪。只要是孕妈觉得心旷神怡的地方就是好地方，宝宝也会从中受益的。我最远也就到佘山逛了逛。孕妈在大自然中呼吸新鲜空气、散步，带来的是规则的子宫收缩运动，这对胎儿则是最快活的皮肤刺激，同时也可以促进胎儿脑部的发育。孕妈还要跟肚子里的宝宝说说话，告诉他/她这是哪儿，告诉他/她这儿有山有水。

 朱医生

戴戴

在胎教这个问题上，我的观点和古人一致，所谓胎教，就是让孕妇保持一个平和愉悦的心情，除了孕妇要注意自身的修养外，还可以听愉快平和的音乐，看让人开心的电影，读给人启迪的书，还有瑜伽、打坐等，以上各种方法都能让孕妈在整个孕期有良好的情绪和心境。这样才能让胎宝宝在妈妈的肚子里过得平安喜乐。

你的孩子不是你的

沈蕾

在是否进行胎教这个问题上，有的父母只是觉得"别人都在进行胎教，我做的话肯定没有坏处"，所以并没有刻意地进行胎教，只是稍加留意，我就是其中之一。所以我们这类父母表现得很被动，只是把平时不怎么听的古典音乐偶尔拿出来听听，或是让爸爸和孩子讲讲话，就认为胎教已经进行得很到位了。我个人认为，胎教做或不做，其实宝宝都能成长，也许只是好与更好的区别吧！

你的孩子不是你的

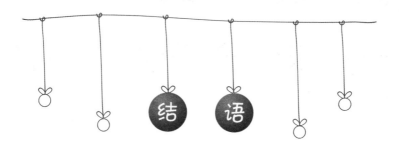

结　语

　　目前，人们对胎教的认识还存在许多误区。有人根本不相信胎教。胎教虽不能创造奇迹，但至少也属于优生学范畴。总之，胎教不是"灵丹妙药"，但通过胎教来提升父母的素养，一定能让宝宝从中受益。

第3章

孕妈也要美美哒

截截

谈起孕妈给人的印象一般是隆起的肚子、宽松的衣服、蹒跚的步伐，貌似和美没有什么关系。记得在当医生的最初几年也从来没见过特别美的孕妇，而且检查时总是发现孕妈穿着男士的棉毛裤（老公的）、旧旧的毛线衣（老妈的），还有皮筋松了的大内裤，特别倒胃口。直到有一年我遇到了一位美丽的孕妈，梳着长长的麻花辫，化着淡妆，喷着淡淡的好闻的香水，从背影看去除了臀部丰满外一点也看不出孕妇的迹象，特别是她穿的衣服很好看，从此刷新了我的三观——孕妈也是可以很美哒！后来，越来越多好看的孕妇装出现了，越来越多美丽的孕妈也出现了。

沈蕾

在没怀孕前，我见过两个极端的辣妈形象。一个是我朋友的太太，这位孕妈以前是一个舞蹈演员，那天见她印象至深。她穿着一件白色的"小香"外套，下面是长长的真丝长裙。头发盘起，画着淡妆。那种韵味和美，真是让人立马想怀个孕感受一下！

另一位是我的一位女强人朋友，即将临盆还穿着个夹脚拖奋战在第一线，因为脚肿什么鞋都塞不进了，身上套了件大汗衫。惊出我一身冷汗！

你的孩子不是你的

戴戴

朱医生

一说起辣妈的形象，我首先会联想到的是穿着各式各样防辐射服的孕妈妈。貌似防辐射孕妇装如今已经成为孕妇的标配了。不过，我觉得漂亮得体的孕妇装挺好挺有必要穿，而所谓的防辐射就纯粹概念炒作，没有必要了。胚胎发育的最初12周，是细胞分裂的关键时期，此期间如果受到外界的电磁辐射或者污染物的影响，细胞分裂发生异常，就有可能导致胎儿的畸形。而到了妊娠第13周，人的五官四肢等重要器官都已经成型，不再会因为受到辐射而变成畸形了。通俗地讲，如果13周时胎儿不是唇裂也没有六指，那么此后也不会因为受到电磁辐射而变成唇裂或者六指。但凡孕妇想要防辐射，那就务必在妊娠的前12周防，而过了这个细胞分裂的关键时期再穿防辐射的孕妇装，除了满足一下虚荣心之外，已经没有什么实际的意义了，13周之后畸形与否已成定局，防或不防都改变不了结局。

检验一件衣服是否有防辐射的功效，我教各位一个最简单的方法：用防辐射服把一部手机包起来，然后拨打这个电话。如果无法接通，就证明衣服屏蔽了包括手机信号在内的电磁辐射；反之，则说明衣服的防辐射效果堪忧。

你的孩子不是你的　　　　　　　　　　 023

戴戴

说到孕妇装，不得不感叹一下，自己还好生得晚，赶上了好时候，在怀孕的阶段可败了不少衣服，可以向大家介绍一下经验。孕妇裤，早在20年前我就从同学那里看到了肚子这里有松紧皮筋的可调节孕妇裤，那可是从德国买的，当时她说要给我留着，这一留就留了15年，等我真的要生了，这条裤子早不知去哪儿了！不过现在国内这样的裤子也到处都有了。最厉害的是，当你穿完以后还可以移交给妈妈，完美地兜住老年女性松垮的大肚子。孕妇裙，基本都能当普通裙子穿，当然在孕期胸围变化特别大的除外哦！孕妇还有礼服，我曾经花了一千多大洋败了一件，只穿了一次，可惜了！好希望有一个平台可以转让这些高大上的孕妇装，或者可以捐赠给贫困的孕产妇，让她们也可以在怀孕期间有个好心情。

朱医生

沈蕾

等到我自己怀孕的时候，我是铆足了劲要臭美的。而且幸运的是怀我们家儿子的时候连我的亲妈都夸奖我比以前美了！

你的孩子不是你的

沈蕾

（亲妈的赞美是多么吝啬，你懂的。）当时我孕检的医院对面有一家服装店，我每孕检一次就破费一次。5个月后渐渐显怀，我还发现了一个让我嘚瑟的秘诀：那就是以前那些紧身的、超显身材、一点点肚腩就纤毫毕现的连衣裙，现在穿起来前凸后翘，反而颇有一番韵味。现在我的衣柜里都还有好几条孕期的"功臣"静静地躺着，等待着我再次宠幸，但至今快两年了，我都还没勇气穿上呢！

我相信很多爱美女性和我一样，美甲、美容、美体在怀孕前是一样都不能缺的。在怀孕之后，我的很多项目都自动暂停了！因为怕染发不好、甲油不好、化妆品不好、香水不好。现在回过头来仔细想想，难道真的要变成一个黄脸婆度过这漫漫十个月的孕期吗？

戴戴

现在孕期也化妆的孕妇不少，但是对于孕期美容的困惑仍然存在，我们就来一一解惑：

(1) 关于孕妇化妆：孕妇当然可以用化妆品，有人担心化妆品中的化学物质会通过皮肤吸收损害胎儿，其实那主要是指劣质化妆品或者功能性化妆品（比如美白、抗皱等）。孕妇比较适合选用天然成分的，比如羊毛脂或植物提取的、性质温和的化妆品，尽量避免那些成分复杂的或者生产厂商可疑的产品。

戴戴

至于彩妆，也有天然系列的，比如植物提取色素的唇彩和眼影等，一样可以让孕妈美美哒。

(2) 关于孕妇烫发：应该说烫发并不是孕妇的禁忌，当然烫发的药水难闻、过程冗长确实是个问题，连没怀孕的人其实也不太受得了。如果孕妈不是特别渴望头发变卷，建议可以在出席重要活动前，用卷发棒等工具让头发临时卷起来美一下。至于在不知道自己怀孕的情况下烫了头发，担心会影响胎儿甚至因此打算进行人工流产，那是绝对不需要的。

(3) 关于孕妇的美容食品：如今口服的美容品也不少，比较传统的有燕窝，现代的有胶原蛋白等保健品，孕妇能不能吃也是个经常遇到的问题。其实这些美容保健品本质上还是食品，食品原则上都是可以吃的，当然要确保食品卫生和来源可靠，如果吃了假的燕窝或者伪劣保健品可不行。至于燕窝的美容功效，以个人愚见，要靠长期食用才有效，而且性价比不高，燕窝这价格吃一顿，我白木耳可以吃大半年呢！而且大家也千万不要迷信美容食品，最好的美容食品就是营养均衡的日常膳食！

沈蕾

像很多孕妈一样，本着"不怕一万，就怕万一"的宗旨，美白、抗皱、染发、烫发我都停了。

沈蕾

但是我还是花了一些小心思的，比如每天一碗银耳羹啊！纯天然补水面膜也不含糊。植物BB霜也来一点啦！还有不能烫发咱们用电卷棒呀！说到电卷棒，其实我也算高手了。但毕竟身子重了，动作有点笨拙。我记得怀孕快9个月的时候，我用电卷棒的时候一个手滑，电卷棒在大腿上烫出一条长长的烙痕，以致后来剖宫产的时候把医生吓了一跳。还以为我遇到了家暴呢！

戴戴

朱医生

我也听说，怀孕后准妈妈的长发应该剪还是应该留，也是令很多人感到纠结的事。民间主要存在两种说法：一种主张怀孕之后就该尽早把长发剪短，以免长发争夺胎儿生长所需的营养；另一种则坚决反对在孕期修剪头发，因为头发是身体的一部分，修剪头发容易动了"胎气"，甚至造成宝宝兔唇等畸形的发生。其实，这两种观点都没有什么科学的依据，更多的只是出于对母婴健康感到焦虑而产生的臆想。

你的孩子不是你的

朱医生

> 对于孕妈妈来说，留着的长发不会争夺宝宝的营养，而剪短头发更不会导致胎儿畸形。

戴戴

> 对于孕妇是否需要把一头青丝剪短的问题很多人也会很纠结，这其实是一个相当个体化的决定，和医学没有太大关系，主张剪短发的人理由无非是孕妇容易出汗，短发洗头方便；产后容易掉头发，事先剪短比较方便，不会弄得长头发满地，等等。至于长头发会占用较多营养那应该是见识短的人提出的观点，难道清朝以前不剪头发的时代孕妇都缺营养？！我个人基本一直是留长发的，怀孕时也只是稍稍修剪了一下，习惯了盘发反而觉得短发不方便，每2～3周就得去美发厅修剪，实在烦人。所以亲爱的们，如果你想借着怀孕的机会体验一下短发的形象，那ok，大胆去剪发吧！如果你舍不得一头飘飘长发，那也ok，继续留着吧！

朱医生

你的孩子不是你的

沈蕾

我当年也是剪了个短发，我是先剪了一个齐耳的短发（刘胡兰式的，也可以说成是韩式短发），听起来效果相差十万八千里，其实就是卷和不卷的区别。当时只是希望便于打理。但说实话，这个长短还真是麻烦，麻烦在于：怎么打理这发型都不对，扎起也不对，放下也不好。月子期间又不能用我的万能电卷棒，因为真是没时间。所有的时间不是用在喂奶上，就是用在挤奶上，要不就用在按摩乳腺上。出了月子我干脆剪了个超短式，这回真是清爽啊！但有一点麻烦，就是好不容易宝宝在月子里记住的妈妈形象被颠覆了。他那段时间常常搞不清，这是妈妈还是爸爸？

 朱医生

头发是由角蛋白构成的，而蛋白质是由氨基酸连接而成，因此头发的生长肯定需要营养，营养不良的人常表现为毛发细黄而稀疏，但头发生长并不会抢到胎儿所需的营养。 所以孕期是不一定要剪短发的。至于为什么会有准妈妈剪短发的习俗，大概是由于孕期行动不便，短发更易清洁和吹干，对准妈妈来说比较方便，而并非长发会消耗更多营养的缘故。总之，怀孕了是保留长发还是剪短它，都取决于个人的生活习惯，并没有什么医学上的利弊倾向。

你的孩子不是你的

 029

朱医生

要注意的倒是洗完头后如何处理湿发的问题。头发长，湿发就更难干，顶着湿漉漉的头发外出或上床睡觉，非但不舒服，而且容易着凉，引起感冒。用吹风机吹干，又怕辐射对胎儿有影响，有些吹风机吹出的热风，含有微粒的石棉纤维，可以通过准妈妈的呼吸道和皮肤进入血液，经胎盘血而进入胎儿体内，从而诱发胎儿畸形。所以很多准妈妈因为以上原因剪去了一头心爱的长发，选择了洗后易干易打理的短发。

另外准妈妈剪短头发也有一些好处哦！准妈妈在怀孕期间抵抗力较差，要尽量避免感冒，长头发在洗头后要等很长时间才会干，所以容易导致感冒，短发则干得更快。还有一点，准妈妈的体温比一般人高零点几摄氏度，而在夏天炎热的天气下，准妈妈也更容易烦躁。如果剪了短发，不仅散热较快，还可使准妈妈的体温不致过高。这些都是短发的优势。

沈蕾

你的孩子不是你的

沈蕾

我怀孕的时候也是段爷（段涛）的粉丝，是个爱学习的妈。段爷的推文中就这样告诉我们（以下摘自段涛大夫的微信公众号）：

Q：孕妇可以涂香水吗？

A：不少女性有每天涂香水的习惯，在英文里，涂香水是wear perfume，wear是穿戴的意思，有些女性出门不涂香水就会觉得自己像没有穿衣服一样。

但是，怀孕以后情况可能就会不一样了，你会发生很多的生理改变，包括嗅觉和味觉的明显改变，有些香水味会让你恶心、头晕、头疼的。

香水包含天然和人工合成的成分，以及一些化学合成物。一般情况下，这些香水中的化学成分对于孕妇和胎儿来讲是安全的，但是一些未经人类研究证实的动物研究表明，某些香水中的化学成分可能会对子代的健康带来一些不良影响。

为了安全起见，建议不要在孕期使用含有化学合成物的香水，可以安全使用的是100%纯天然、无添加的香水。

所以，如果不是重要的场合，不建议经常涂香水。

为了让自己成为香喷喷的大肚婆，除了香水以外，还可以考虑使用有香味的身体喷雾剂、护肤液等。

你的孩子不是你的

沈蕾

与香水相比，它们的味道比较轻，酒精的含量也更少，有些成分还可以帮助减轻恶心呕吐的症状，例如薄荷、姜、豆蔻、柑橘、薰衣草、玫瑰、甘菊等。

另外，在孕期使用的其他香皂、乳液、护肤产品最好也是纯天然的，是没有添加任何化学合成物的。

这方面女人都是专家，比我这大老爷们专业得多了。

Q：孕妇可以染头发吗？

A：对于孕期染头发这件事，不同的专家有不同的说法，持审慎态度的比较多，一般不建议在怀孕以后染头发，因为不少染发产品里面通常会含有各种各样的化学成分。

染发产品有很多，不同的产品含有不同种类和不同浓度的化学物质，甚至金属物质，例如铅。

不能简单地说孕期染发是安全或者是不安全的，因为任何一种说法都缺乏客观的适用于人类的证据。虽然有一些动物实验的结果，但是这些结果不能简单地类推到人类身上。

因此，没有确切的证据证实孕期染发是不安全的，也没有确切的证据证实孕期染发是安全的。

如果你一定想要在孕期染头发的话，请注意以下几点：

沈蕾

- 过了孕早期以后再考虑染头发。

- 避免染发剂和头皮接触。

- 采用快速染发方案。

- 挑染。

- 即使是植物染发剂也不一定都是安全的。

Q：孕妇可以烫发吗？

A：一般不建议在孕期烫发，因为烫发需要的时间比染发的时间要长很多，烫发的产品中往往也含有很多的化学品，烫发药水容易和头皮接触。

好吧，如果你真的一定要烫头发的话，最好也是过了孕早期，采用不添加或者少添加化学合成物的产品，烫发的时间不要太长。

你的孩子不是你的

结 语

　　人生苦短，孕期太长，及时享乐，身心健康。虽然孕期有很多的不舒服，虽然怀孕以后有一些禁忌，但是依然还是有很多的事情是在孕期可以做的，怀孕不妨碍你及时行乐，也不妨碍你一直美美哒！！！

你的孩子不是你的

第4章

一起去做唐筛检查吧

沈蕾

最近，正好受朋友的邀请去观摩了一场主角是重度智力障碍儿童的儿童剧。现场看到一个"唐宝宝"，他有着唐氏综合征患儿全世界几乎一致的特殊容貌，让人一眼就可以识别。但同时他也活泼、好动、天真可爱。也许是因为当年我也是一个高龄产妇，我也曾经面临我内心惴惴不安甚至害怕的"唐筛"风险。1/300、1/500的概率，这些平时看来简单的数字那时几乎是左右着我的命运和心情。

 朱医生

在精子和卵子结合成为受精卵的过程中，如果染色体出现异常，绝大多数情况都会直接阻断新生命诞生，偏偏当第21号染色体异常（多了一条21号染色体）的情况下，可以产下新生儿，但这个新生儿却注定是一名唐氏综合征的患儿。

诞下一名唐氏综合征的患儿，对于家庭无疑是痛苦的。所幸胎儿是否患唐氏综合征目前已经是可以准确地在产前做出诊断的。所以，如今产科医院都会鼓励孕妈做唐筛，而对于高龄孕妇更是务必要做这个产前的检查。

你的孩子不是你的

沈蕾

沈蕾

唐氏筛查是让孕妈妈们胆战心惊的一项检查。检查结果合格的可能没有多少印象，但检查结果不合格的准妈妈，一定对此项印象非常深刻，甚至会一度犹如跌入了人生低谷，痛不欲生，而后冷静下来，发现结果犹如一场赌博。看看产前诊断专家是怎么说的吧：

怀孕是一件喜事，更是一场纠结！纠结在哪家医院建卡定期产检，纠结看哪位医生，纠结是自己生还是剖宫产，纠结是生男孩好还是女孩好，纠结会不会被会阴侧切。但是这些纠结与唐氏筛查和羊膜腔穿刺的纠结相比，简直是小巫见大巫。

不做唐氏筛查纠结：万一孩子生出来是个唐氏综合征宝宝（唐宝宝）怎么办？

做了唐氏筛查也纠结：高风险需要做羊水穿刺很纠结，低风险并不是没有风险也纠结。

羊水穿刺纠结：不做怕真的生出个"唐宝宝"，做了又怕手术导致的流产。

（摘自段涛教授的微信公众号文章《怀孕生孩子那些事之唐氏筛查的纠结》）

你的孩子不是你的

裁裁

沈蕾说的没错，做唐氏筛查就是一种赌博，赌的是宝宝患有唐氏综合征的概率。所以不要指望唐氏筛查能够告诉你一个确切的答案，宝宝是或不是"唐宝宝"。检查只能告诉你一个概率，比如1/1 000，就是说有千分之一的概率你的胎宝宝可能患有唐氏综合征，当然这个概率越低越好。我们医生所说的"检查正常"，你在报告上看到的"低危"，意思都是：检查结果评价为低度风险，为了这点风险，无需再做进一步羊水穿刺的有创检查。

当然，同样一个风险概率在不同人的眼里是完全不一样的理解，在有些人眼里，1/1 000的风险也很高，而在有些人眼里，1/100的风险也很低。所以我们遇到过"高风险"不愿意做羊穿，宝宝也很好的例子，也有"低风险"但是很担心最后还是做了羊穿的例子，也有"低风险"而且概率很低，但是出生后证实是"唐宝宝"的不幸例子。人生就是一场豪赌啊！

　　好吧，下面就是我的建议，既然唐氏筛查本质上就是赌博，就是赌概率，那就要按照赌博的规矩来。

　　● 赌博的最主要原则是"愿赌服输"：

　　要输得起才可以去赌，比如：面对1/250的唐氏风险，不要有侥幸心理，说我不做羊穿，因为我不会这么倒霉吧，一旦赌输了，孩子真的生出来是个"唐宝宝"，你就得坦然地去面对。

戴戴

赌的时候不是看赢面有多大，而是要看自己能否输得起，输不起千万不要去赌，哪怕是比较低的概率。如果是输得起，即使是1/50的概率也可以很坦然地去面对。

●两害相权取其轻：

如果选择不做羊穿，赌输了的结果是生出来一个"唐宝宝"；如果选择做羊穿，赌输了，最坏结局是流产，然后下次重新再来。羊穿流产的理论概率大概在1/300左右，实际流产概率在每个产前诊断（胎儿医学）中心是不一样的，在我们第一妇婴保健院胎儿医学中心，羊穿后流产的概率大约在0.5/1 000，基本上和不做羊穿的病人在相应孕周的自然流产率相差无几。了解了赌输的后果和概率，究竟是做还是不做，相权之后做个决定没那么困难吧？

（摘自段涛教授的微信公众号文章《怀孕生孩子那些事之唐氏筛查的纠结》）

沈蓓

你的孩子不是你的

朱医生

有些人听说唐筛"假阳性"概率高，所以就自作主张放弃检查了，这种错误的认知也有必要纠正一下。如果把唐氏综合征的产前诊断比作机场安检的话，那么第一步的唐筛就好比是旅客行李的透视安检，简单高效安全，是一种普查的手段，目的是把可疑的目标挑出来接受进一步的检查；第二步的羊膜穿刺检查就好比行李的开箱检查，可以直观明确地做出判断。羊膜穿刺检查虽然准确，但是费时费力，关键是还有感染的风险，不可能作为人人都查的通用手段。设想一下，机场若是对每一件行李都实行开箱检查，那机场是否会面临瘫痪？而唐筛就像透视安检，虽然准确度有限，但是简单安全高效。接受"假阳性"的高概率，是为了杜绝"假阴性"的可能。因为透视安检出现"假阴性"就会让危险物品带上飞机，危及航空安全；而唐筛出现"假阴性"，那就意味着通过唐筛的孕妇依然可能产下唐氏综合征的患儿，那会是一个怎样的场景？很多人不敢想象。

为了航空安全，行李安检得接受；为了宝宝的健康，唐筛检查也不能马虎。

沈蓓

当时我也是很害怕"唐筛"的，和大部分的孕妈一样害怕羊水穿刺。

你的孩子不是你的   039

沈蕾

羊水穿刺是在超声波的帮助下，用针头穿过准妈妈的肚皮，一直探到子宫里，躲开宝宝，取出些羊水，从里面把胎儿的细胞分离出来，这样就可以直接看到哪条染色体不对劲。妈妈的创口一般一两天就痊愈。但也可想而知，毕竟要把针扎进去，在很少的情况下，可能造成早产或者流产。(这还是概率问题)

但还好我是个挺能忍痛的人，为了不让做穿刺的细节干扰我，不给自己纠结的时间，信奉"长痛不如短痛""伸头一刀缩头一刀"的我，给自己争取到了第一个做检查的机会。下面就和大家分享一下我的真人秀吧!

当时和我一批的有9个妈妈。大家在等候的时候你一言我一语，一点都放松不下来，反而把自己搞得很紧张。我匆匆穿上手术服坐在手术室门外，风凉凉地吹着。说不害怕那是不可能的，但所幸的是我只有5分钟的瞎想时间。很快就上手术台了，被蒙上一块布后，其实啥也看不见(那针有多长、多粗我也不知道)，医生在看完B超后就开工了。伴着一股钝钝的痛，医生柔柔地说针已经刺入了。除了有点酸酸胀胀的感觉外，其他真的还好，完全在可以承受的范围，感觉像给肚子打了一针。其实与其说是我的感觉迟钝，不如说我的注意力都在孩子身上。医生最后报了一下孩子前后的心跳，只快了5跳。也就是说儿子在肚子里淡定地看看进来的针大哥，看着羊水抽走，想大声招呼的时候，针大哥已经走了!

040 你的孩子不是你的

沈蕾

20分钟后，我按着肚子上的酒精棉花回到等候手术区，还要再观察半小时。这下我被一大堆准妈妈围住了。"疼吗？""什么感觉""针有多粗"……我只能如实回答，当然我这个三脚猫心理咨询师也知道，必须如此回答，才能对这些焦虑的准妈妈们起一些小小的心理暗示作用。

正当我淡定地闭上眼睛准备休息一下时，下一个准妈妈进了等候区！又遭到了一连串的追问。这个准妈妈和我完全不同，张口就是"痛死了""好可怕呀"。

好吧！每个妈妈的个人感受都不尽相同，但至少是可以坚持的。

 朱医生

戴戴

沈蕾有羊穿真人秀，我也有。我怀孕时39岁整，标准的高龄产妇，也许妇产科医生不是女汉子就是男人婆吧，又或者因为我们自带丰富的专业知识，所以我一点也不纠结（不代表所有的妇产科医生都不纠结哦），直接到时间就约了羊水穿刺手术。

 你的孩子不是你的 041

戴戴

到手术间，自己爬上床，做好穿刺，自己爬下床，惊得护士叫："姐姐，你慢点不行吗？把我的活儿都干了！"早上8点第一个进去，9点钟已经坐在自己的办公室里开始工作了。至于说痛，说实话，比屁股上打青霉素其实还要好点呢！

在临床看过太多自己吓唬自己的人，恐惧往往是被想象放大的。很多孕妇纠结羊水穿刺的问题，我只要讲了自己的故事，大多就不纠结了，等做完手术再问她："感觉怎样？还好吗？"个个都说原来真的不可怕，白白担心了那么久！

**　　针对大家对唐氏筛查的一些常见疑问，段涛教授也专门写过文章答疑解惑，以下摘自段涛教授的微信公众号文章《怀孕生孩子那些事之唐氏筛查的Q&A》：**

**　　1. 早唐和中唐哪个更准确？**

**　　作为筛查手段，早唐（孕早期唐氏综合征筛查）和中唐（孕中期唐氏综合征筛查）都不能确诊，所以谈不上准确，没有"准确率"一说。通常以"检出率"和"假阳性率"来评价某一个筛查手段。检出率高且假阳性率低是一个好的筛查手段的标准。从国内目前开展的情况来看，早唐的检出率高于中唐，假阳性率低于中唐。**

你的孩子不是你的

戴戴

　　早唐的检出率在85%左右，假阳性率在3%左右，中唐的检出率在65% ~ 75%，假阳性率在5% ~ 8%。

　　2.做了早唐还需要做中唐吗？

　　早唐和中唐都是主要针对唐氏综合征的风险进行筛查，根据筛查策略的不同，做法有所差异。如果进行单次筛查，做了早唐就不需要做中唐了；如果采取早中孕联合筛查策略，做了早唐之后还需要做中唐，然后再计算出联合风险。

　　3.35岁就不能做唐筛了，一定要做羊膜腔穿刺吗？

　　35岁属于高风险年龄，我国的母婴保健法规定，年龄大于35岁的孕妇建议直接行产前诊断（如羊水穿刺等）来确诊是否怀有唐氏综合征患儿。但不代表35岁就不能做唐筛了，高龄孕妇在充分认识唐筛的检测价值（即唐氏筛查属于风险评估，低风险代表怀有唐氏儿的可能性较小，但不是指没有风险）之后，仍然可以做唐筛。

　　（更多精彩问答请关注"段涛大夫"微信公众号查看）

朱医生

你的孩子不是你的

也许很多人看了这些仍然觉得唐氏筛查和羊水穿刺是件让人纠结的事儿，其实还有一种叫"无创胎儿DNA检测（NIPT）"的方法，不会对身体造成创伤，但检测费用大约为"唐筛"的10倍，经济条件允许的孕妈也可以尝试这种方法，避免纠结。医学的发展给了我们越来越多的手段去提高下一代的健康水平，但是快乐安然的心态是医生和医学给不了的，需要我们自己去调节和追寻。简单一些，把专业的事情交给专业的医生去做，不要去百度自寻烦恼，越简单越快乐！

你的孩子不是你的

第5章

给宝宝一个无烟环境

你知道吗？"二手烟"的一氧化碳含量是"一手烟"的5倍，焦油是3倍，烟碱是2倍或更高。

上海在2017年3月1日实行"史上最严禁烟令"：《上海市公共场所控制吸烟条例》规定除了"天花板下"全面禁烟，其他无顶无盖的、人群聚集的室外场所，比如一些公交枢纽、站点、广场、游乐园等，也都不准吸烟。个人违法吸烟将罚款50～200元。

微信 (128)　　　　　　　　　　　　　　　辣妈朋友圈 (1076)

戴戴

对于吸烟等不良嗜好，我有一个判定原则：可以祸害你自己，但请不要祸害他人，包括你的孩子！所以我是坚决支持公共场所禁烟的，也是坚决支持孕妇以及孕妇家人戒烟的。

关于孕期以及哺乳期抽烟的危害和影响，段涛教授的文章已经写得很全了：

- 对于女性来讲，除了其他已知的例如会引起肺癌等危害以外，吸烟和被动吸烟还会增加不孕症的风险，在怀孕以后还会增加流产、早产、低出生体重、宫外孕、胎膜早破、前置胎盘的风险。

- 抽烟是否会增加死胎和新生儿死亡的发生率？目前的研究结果不一，但是有些大样本的研究提示吸烟会增加死胎和新生儿死亡的风险。

你的孩子不是你的

截截

- 出生缺陷：香烟中含有2 500多种化学物质，理论上会增加出生缺陷的发生，临床流行病的研究虽然没有提示出生缺陷总体发生率的明显增加，但是其中某些类型的出生缺陷会增加。

- 吸烟会降低乳汁的分泌量，降低乳汁中脂肪的含量，减少泌乳的持续时间。对于吸烟的母亲来讲，哺乳后孩子的睡眠时间会比较短。

- 吸烟比较厉害母亲的子代未来患Ⅱ型糖尿病的风险会增加。

- 被动吸烟对孕妇的不良影响还是不小的，会增加死胎的发生率、出生缺陷的发生率、低出生体重儿的发生率。

- 如果出生以后继续被暴露于二手烟中的话，孩子容易发生哮喘、过敏，更容易发生肺部和耳部的感染，发生婴儿猝死综合征的概率也会增加。

　　（摘自段涛教授的微信公众号文章《怀孕生孩子那些事之孕期吸烟与被动吸烟》）

朱医生

你的孩子不是你的

沈蕾

说到二手烟，我自己是深恶痛绝的。我是吸着爸爸、叔叔、伯伯的二手烟长大的。长大上班后又在男同事们的烟枪下工作，二手烟管饱。最讨厌的是朋友聚会应酬，虽然吸烟的男士们会请示一下："你介意抽烟吗？"来假绅士一把！但往往酒过三巡就肆无忌惮。

怀孕后，遵循中国人"三个月内不说"的习俗，躲"二手烟"也是苦不堪言。办公室有个"老烟枪"，每每到我的办公桌前后左右谈工作，必叼一根香烟。我是像辟邪一样避他！如果是挺着个大肚子那也就算了，人家也明白。可这还没显怀呢！怎么说呢！只能有多远躲多远。

 栽栽

二手烟看来是小问题，但是对于很多人来说真是个大困扰，比如参加一个聚会，本来挺愉快的，结果呢场子里有人抽烟，回家后衣服上、头发上都是烟味。洗头吧，时间太晚人太累；不洗吧，还得把烟味沾到枕头上，多可恶！比如没全面禁烟前的婚宴，那是二手烟的重灾区啊，一般婚礼都会带着孩子一起参加，连大人都觉得难受，对孩子来说就更受罪了。我觉得这次上海全面禁烟真是一件大好事，教了这些不自觉的烟民，人生的字典里应该有个词叫做"尊重他人"，在自己过瘾时得考虑对旁人的影响。

你的孩子不是你的   047

沈蕾

网上有一项关于"怀孕期间，你吸了多少二手烟?"的调查。其中36%的孕妈吸的二手烟来自老公。有学者分析了5 000多名孕妇后发现，丈夫吸烟的孕妇先天畸形儿出生率，比丈夫不吸烟者要高2.5倍左右。

家里若是有个抽烟的老公、父亲或是公公，也很让人头大。很多烟民老公可能会说，我们不在家里抽，躲到阳台上抽总行了吧? 其实啊，香烟燃烧后，有害物质会残留在墙壁、衣服、地毯上，浓度比二手烟更高，小孩、老人、孕妇最容易遭殃。最新研究发现，即使家长在室外抽烟，其婴儿体内的尼古丁含量，仍比不吸烟家庭的婴儿高出7倍。这一方面是因为烟雾会从阳台、卫生间等地飘进室内，另一个更重要的原因是，有害物质附在吸烟者的衣服、头发上进了家。

除非你一进家门就洗澡洗头，把衣服彻底换掉洗掉，像进消毒病房一样，不然全然徒劳。可是烟民是不会那样做的，就算这样做了，家也未必安全。国外有研究表明，烟草烟雾发散后，可滞留或吸附在墙壁、家具、衣服甚至头发和皮肤上，它包含重金属、致癌物，甚至辐射物质，可在空间滞留数小时、数天甚至数月，形成所谓的"三手烟"。吸入再次挥发的"三手烟"，对健康也会造成危害。近年来，大家对雾霾的危害谈论颇多，但你可知道，吸烟对人体的危害比雾霾要大得多!

你的孩子不是你的

沈蕾

那孕期该如何机智地避开二手烟？在职场可以参考我的做法，主动回避受烟污染的环境并远离吸烟者，咱们躲！（当然现在上海已经不允许在办公室这样的密闭空间吸烟了，此处有掌声。）

在家里当然是把烟民爸爸"赶尽杀绝"喽！好啦，就是戒烟！戒烟！戒烟！如实在戒不了烟，切记，不要在准妈妈面前吸烟。可以到室外吸完再回家，回家后要漱口洗手、更衣沐浴。嫌烦？戒烟喽！

戴戴

戴戴

说到戒烟的时机，没有比怀孕（或者老婆怀孕）这个阶段更好的了。一是没有了面子问题，有的男人觉得戒烟有损男性形象，而为了下一代戒烟绝对是个好爸爸的暖男形象，更会赢得老婆大人和丈母娘大人的肯定。二是为了全家的健康，对于吸烟、二手烟甚至三手烟的危害，其实大家都越来越明白了，只是缺少一个契机和动力去改变吸烟这个不良嗜好而已。

你的孩子不是你的

朱医生

我本人从不吸烟，而且对被迫吸"二手烟"的情况深恶痛绝。不过我在成为心理咨询师之后，同个别烟瘾比较大的人有所接触，可以跟大家探讨一下我发现的两个现象：第一，绝大多数成人"老烟枪"在3～18岁期间都有相当长一段时间在心理上处于"孤立无援"状态；第二，吸烟是这些人缓解焦虑情绪、获得安全感的主要手段。

经过与当事人比较深入的交流，我发现有大致类似的轨迹：① 童年或青春期缺少父母的陪伴和关注，由祖父母或者其他亲友抚养长大，安全感缺失，性格孤僻内向；② 到了青春期在人际交往上遭遇障碍，可能是亲子关系不和，也可能是受到他人的欺凌；③ 或无意或被迫开始接触香烟，并从中体会到周遭的认可和接纳；④ 在家庭或学校不被认可、不被接纳，通过吸烟体会到内心焦虑的缓解，并由此开始通过吸烟来缓解焦虑情绪，获得安全感的满足。

由此可见，凡是对吸烟有着极大依赖的人，除了在生理上对于烟草中尼古丁有依赖之外，在心理上都存在安全感的缺失，需要通过吸烟来弥补。而之所以会形成对于烟草的依赖，他们童年到青春期期间亲子关系的疏离、安全感的缺失是很重要的原因。

沈蕾

050　你的孩子不是你的

戴戴

看来吸烟的也都是可怜人啊！还有女性吸烟的问题也要重视，这点在中国已经与国际接轨了。援引段涛大夫的推文："女性烟民的数量在上升。最近5年间，女性的吸烟比例一直在上升，达到3.3%。"增加的女性烟民拥有年轻、高学历、高收入三个主要特征，2014年的数据显示她们的月平均收入达到7 818元，48%的女性烟民年龄在15～34岁之间，64%的人有大学本科及以上学历。"压力"是让女性选择吸烟的主要诱因，2014年有72%的女性烟民认为"生活中有太多事情让我感到压力重重"。

但据我观察，相对来说女性戒烟似乎比男性容易些。好几位吸烟的女友为了下一代都很轻松地把烟戒了，用她们自己的话来说，女人抽烟其实不太上瘾，而且年纪大了，也不适合用抽烟来耍酷扮帅了，何况是为了孩子呢！

 朱医生

说到戒烟和禁烟，我觉得《禁烟条例》固然好，个人还是对其实施效果深表不乐观。你看中国实行交通法规多少年了，交通违法的行为还不是比比皆是？当然，能立法是好事，但如果执法不严、违法不纠，再好的法律也只是一纸空文。回到心理学的视角，为人父母要学习从现在起时刻保持对于孩子的关注和接纳，让他们从小到大始终能得到安全感的充分满足，那么我相信明天他们将不再成为"二手烟"的制造者了。

你的孩子不是你的

结　语

为了自己的健康，越早戒烟越好，为了下一代的健康，更是早戒早好！反思心理成长的轨迹也好，为家人的健康着想也好，给自己一个理由。千万不要落得像那些病得很重了才带着深深的后悔在医院里被迫戒烟的老烟民一样啊！

你的孩子不是你的

第6章

林丹不必出轨

男明星在太太孕期出轨的事件并不新鲜，每次都会引起网上一片哗然。通常的套路是事发后明星会在各种场合发表声明，向家人致歉，然后家人谅解皆大欢喜或者干脆一拍两散。在这种事件中舆论往往没有悬念，网友纷纷谴责"不负责任""精虫上脑"的男人，同情被出轨的太太，大骂小三之类。

微信 (128)　　　　　　　　　　　　　　　　辣妈朋友圈 (1076)

沈蕾

> 据说只有约3%的哺乳动物是一夫一妻，只会与一个伴侣长相厮守一生，而人类就属于这一类。然而，劈腿或出轨却同时是一个最为常见的人类行为。作为一个生完孩子的母亲，我和很多辣妈们一样经历过吐得天昏地暗的怀孕初期，体型开始变形的怀孕中期，当然还有笨拙不堪、脚肿手肿的怀孕后期。好在当时有个寸步不离的老公，在辛苦的同时也体会了为人父母的喜悦，并暗自庆幸遇见了一个可以携手终老的良人。一个女人在为家庭孕育新生命的时候是多么需要男人的关怀、安慰、体贴和呵护。我们不是爱把孩子称为"爱情的结晶"吗？结晶还没看见呢，爱早已荡然无存了！这对于一个正在经历生理和心理巨大变化的女性意味着什么？精神世界和现实领域的双重坍塌，说重一点是要出人命的！

你的孩子不是你的

沈霄

男人们还在为出轨找各种形形色色的理由，诸如：孕期内的性需求无法满足、是男的就会偷腥、以大局为重回来就好，等等等等，简直荒唐无比，让人瞠目结舌。真是让我长了不少见识！出轨是一个没必要讨论的问题，它必须被投入错误的、不道德的词汇里去，受到全社会的谴责！但现在的大环境是：随着明星出轨队伍日益壮大，网友们的跟帖也变得更加的厚颜无耻！我个人在出轨这一问题上，尤其是孕期、哺乳期出轨，绝对是无理由否定的。但因为每个人的状况、个人背景、受教育程度、周围的氛围都不同，大家在这件事上给出的答案也是不尽相同的。很多人觉得为了孩子还是忍气吞声吧！既然天下乌鸦一般黑，那就这样将就吧！殊不知天下的好男人、尽责的好男人多的是，更何况你不一脚踢开这个渣男，又怎么给未来优秀的另一半腾地儿呢？！

戴戴

我对这类八卦向来没啥兴趣，引起我注意的是吃瓜群众中常有人会发表同情言论：太太有孕不得近身，要熬九个多月甚至更长，真的很难啊！真相只有一个：拜托！以后不要拿这么"无知"的理由来搪塞好吧？怀孕期间是可以有性生活的！对！你没看错，怀孕期间是可以有夫妻生活的！

你的孩子不是你的

戴戴

路人阿姨甲会说——怀孕后同房会引起流产的！

绝大多数流产是与胚胎质量相关的，不好的胚胎当然要流掉而不是留下；如果同房一次就要掉的胚胎，想来质量也不会好到哪里去！所以张家阿婆告诉你的那个同房一次就不幸流产的故事可能是真的，但事情的真相是其实不同房也是会流产的！

路人医生乙会说——孕期同房会增加感染风险导致早产！

医生说的一定是真的了吧？不一定哦。医生也是需要不断学习的，很多旧观点在今天已经被证实需要修正了。但这种观点也不是全错，虽然孕期在宫颈管内仍然存在黏液屏障保护宫内环境，但不洁性生活仍然有可能导致宫内感染，继而引起流产、早产。但是，确保自己干净才能同房是纯爷们应该有的道德品质啊！而且戴个质量好点的避孕套就能更大程度地保障性生活的卫生性了！

其实更吸睛的观点是——孕晚期性生活可以帮助催产！

真的！即使教科书上没有写（估计是不敢写）！因为性生活会促进释放催产素，少量催产素可能会诱发宫缩。另外，精液中富含的天然前列腺素也可以帮助宫颈成熟，其实产科常用的催产药物之一就是前列腺素制剂。记得《Sex and City》里那位为了早点把孩子生出来而拖着男友每天做爱的超女吗？当时我就想，这样的催产方式既安全又爽，不知是否能够在中国推广呢？

你的孩子不是你的

戴戴

所以请男士们不要再挖空心思想理由了，错就是错了！

 沈蕾

 沈蕾

对,错就是错了！你们想想产后妈妈经历的"过山车"似的激素水平，产后的妈妈们都会出现异常的身体变化，有的宝妈生完孩子后每天会掉很多头发，有的出现便秘，有的多汗或排尿异常。同时，月子期间的妈妈和宝宝的配合还不够默契，因此每一次喂奶都让人身心俱疲。僵硬的背脊，抽筋的手臂，吸破的乳头，还有那碎成一片一片的睡眠，这些都是爸爸不用承受，也无法想象和体会的。

如今产后抑郁症发病率据国外报道为3.5% ~ 33%,国内报道为3.8% ~ 16.7%。在我怀孕期间发生于一起港汇广场的跳楼事件，全城沸腾。年轻的妈妈因为产后抑郁丢下年幼的孩子，让人扼腕叹息！我自己也遭遇过这样的时期，一次深夜也差点夺门而出。

  你的孩子不是你的

沈蕾

因而我深深理解和体会过初为人母的不易。

典型的产后抑郁症在产后6周内发生，可持续整个产褥期，有的甚至会持续至幼儿上学前。如此普遍的发病率是因为"母亲"是一个在育儿过程中责无旁贷、首当其冲的角色。我们害怕我们做得不够好，我们害怕宝宝会有什么闪失，我们焦虑，我们自责，同时急剧下降的雌激素，晚上每两小时的喂奶让我们反应迟钝，记忆力衰退，精神脆弱。所有这些都不尽如人意的时候，再来一个丈夫出轨，这对于产妇而言意味着什么？！

戴戴

 朱医生

不管意识到还是没意识到，不管承认还是不承认，担心老公在怀孕期间出轨，是每个女人内心深处始终挥之不去的隐忧。

我曾经碰到过这么一位孕妇，在她怀孕三个多月的时候，一天晚上，从睡梦中哭醒了，并且把老公也吵醒了。

你的孩子不是你的　　　　　　　　　　😊 ⊕

朱医生

这时候老公关切地询问道："怎么啦？睡得好好的，干嘛哭呢？"孕妇含着眼泪满腹委屈地说道："我做梦了……我梦见你有外遇了。"老公一时无言以对，只好自嘲道："我还梦见过中了彩票呢！结果还不是空欢喜？别人说梦里的事跟现实是相反的，别胡思乱想了，睡觉睡觉。"

第二天上班的时候，这位准妈妈左思右想，总是放不下前一晚的梦境，还专门向单位里的闺蜜请教。最后她决定采取严防死守的"人盯人战术"——每隔两小时打一次电话，让丈夫报告行踪，甚至还要向老公的同事或朋友求证。这样的监控生活让丈夫失去了空间，在忍让了两周之后终于忍不住了，在陪太太回娘家的时候便趁机向丈人"诉苦"，结果还没等老丈人开口，丈母娘立刻插话道："那还不是我们家女儿在乎你吗？你可别不识好歹……现在是非常时期，你得多担待一些。"感觉自讨没趣，丈夫也就不再提出异议，可是内心深处对于妻子的不满甚至厌恶却在悄悄萌芽。后来这个丈夫就用逃避来对付妻子的监控，经常故意不接妻子的电话，回家被逼问为什么不接电话，就干脆谎称单位加班晚回家，其实是躲在公司玩电脑游戏。宁可躲在办公室玩游戏也不想回家的状况，引来了公司一位单身女同事的同情……最终真的出轨了。

我讲这个案例，不是要为林丹或者出轨的丈夫开脱责任。

朱医生

我只是想提醒女性朋友，一味地高举道德的棍棒，丝毫阻止不了丈夫出轨的步伐，甚至还会起到推波助澜的作用。要用女性的智慧与温柔才能收住男人那颗躁动的心。

沈蕾

戴戴

是的，夫妻关系是双方的责任，有时候也不能一味把责任推给男方。我们也见过不少在孕期各种"作"的孕妈，我是很为这些丈夫们担忧的。也跟我们的姐妹们说几句知心话，对于雄性动物，发嗲永远比发怒有用；小家庭的核心是夫妻俩，不要让爹妈过多介入小家庭的生活；床头吵架床尾和，床对夫妻是很重要的，要重视床上文化建设。再次悄悄提醒，如果怀宝宝的你没有高危因素，比如早产史、前置胎盘、先兆流产等产科医生明令禁止的情况，孕期是可以过适当的夫妻生活的！当然，还是有一些需要注意的事项，比如体位要注意，不能太过压迫腹部，不能插入太深，动作不能太过激烈，等等。

你的孩子不是你的   059

戴戴

总之，中国产科医生的观点已经和国际接轨了，大家一致认为在怀孕期间是可以同房的，而且为了更好地稳固亲密关系，满足双方的需求，正常的妊娠情况下应该保持一定频度的性生活，既能减少准妈妈担忧老公出轨的焦虑，也能缓解准爸爸的难言之苦。

对于那些医嘱不能孕期性生活的夫妇来说，也不要沮丧绝望，其实性满足不一定非要通过阴道性交来实现，其他的亲密行为如亲吻、抚摸等其实都是可以的，不是条条大路通罗马吗？

段爷

我的临床建议是：怀孕以后，孕早期应尽量避免，而孕中期和孕晚期，都可以继续过夫妻生活，除非是少数情况下，有合并症或并发症，不适合进行性生活。什么？循证医学证据？你妈打你时循证医学证据了吗？你吃饭循证医学证据了吗？你抽烟循证医学证据了吗？不是做所有的事情都需要循证医学证据的，有时候Common Sense（常识）就足够了。

 ◝)) 你的孩子不是你的

结语

　　爱是什么？爱不是宠溺，爱不是放纵。爱是在困难时的风雨同舟，是无助时的温暖呵护。为人父母的我们只有领悟和实践爱的真谛，才有资格为人父母，养育后代。我们要更努力地经营好自己的婚姻，才能给予我们的孩子一个良好的成长环境，一个稳定温馨的家庭。当然这个时代暖男还是很多的，尤其在我的节目里。如今更多的奶爸承担起了育儿的工作，对妻子和孩子的关爱也是满满的。这不仅是一个家庭的幸运，也是整个社会的进步。

你的孩子不是你的

第7章

胎盘要不要

胎盘是哺乳类动物在生育过程中一种独特的"副产品"。它是在妊娠期间形成的一种过渡性器官，胎儿依靠胎盘从母体中获取更多成长所需的营养。不仅如此，胎盘还会产生多种激素来保证妊娠的完成。按照常理来说，在生育完成之后胎盘就完成了它的使命，没有任何用处了，但是现在胎盘却有了它新的"使命"。

微信 (128)　　　　　　　　　　　　　　　　　辣妈朋友圈 (1076)　

沈蕾

> 怀孕到6个月的时候，我还丝毫没有考虑过胎盘这个问题，甚至坚定地认为从我肚子里出来的只有一个小屁孩，怎么还会有一个血糊糊的东西也要我来决定要不要呢？怀孕6个月的时候去亲戚家串门，他们家有个刚生完的新妈，我本着取经的心态想要收集一些信息。
>
> 说到胎盘，她郑重其事地跟我说："一定不要让医院处置啦！你要拿回家。""拿回家干嘛呀？""吃啊！""谁吃？""你吃呀！""NO！"

朱医生

你的孩子不是你的

戴戴

原来要不要胎盘根本不是个问题，一般来说大家都不会要这个血淋淋的东西，就由医院统一丢弃或者处理了。后来法制越来越健全，胎盘属于人体附属物，物权属于产妇，所以就出来一个规定，胎盘要不要，决定权在于产妇本人，必须由产妇决定是交给医院处理还是带回家自己处理。这个规定是非常正确的，但基于胎盘的特殊性，医院的场景一下就变复杂了，当我们把一张"胎盘处理意见书"交给产妇签署时，一般会有以下几种场景：

典型场景一："我们的东西我们当然要！""ok没问题！"……等到院方将血糊糊一堆装在袋子里交给家属时："这个东西回家怎么弄啊？""额，你不知道怎么弄拿回去干啥？"

典型场景二："这个东西大补的，我们要！""ok没问题！"…… 等到院方将血糊糊一堆装在袋子里交给家属时："啊，胎盘长这样啊！医生，这个怎么做成胎盘粉啊？""额，我真的也不懂啊！要不问问药店？"

典型场景三："胎盘是好东西，我们要！""ok没问题！"…… 等到血糊糊一堆装在袋子里交给家属时："这也太腥气了吧！我们不要了！""额，说好的带走呢？"

 沈蕾

你的孩子不是你的

沈蕾

直到我提笔写这篇文章的时候我才在度娘里看见它的本来面目。我暗暗庆幸当初坚决让医院处理的决定是多么的威武英明。可以想象，如果我听从了亲戚的建议，我那晕血的处女座老公拿着一马夹袋软不拉叽、不是内脏又酷似内脏，甚至还散发着血腥味儿的胎盘，一定会双手颤抖，不知何去何从，估计觉得比让他在产房陪产还要命。关键是拿回家干什么呢？好吧！就算是吃，谁来洗呢？处理干净，谁来做？怎么做？我常常想不明白一个问题，有的产妇不肯喝自己的奶，但却可以吃清蒸的自己的胎盘，因为几乎所有的人都回来和你说：这个大补的，不吃太浪费了！可是诸位它就算是长生不老药，臣妾也实在是做不到啊！

很多人要说这也许是你们中国人的习惯吧！你们什么都敢往嘴里送。非也，现如今一些美国妈妈出于养生目的也开始在产后吃自己的胎盘，而这种"分娩后的新习惯"正逐渐渗透到美国人的生活当中。据报道，一些崇尚自然疗法的女性和紧跟时尚潮流的好莱坞名人开始尝试这种"胎盘疗法"。她们认为吃下自己的胎盘可以提高活力，分泌营养充足的母乳，甚至能预防产后抑郁呢！虽说目前没有针对吃胎盘的科学研究，但美国吃胎盘的潮流已经蔓延到了烹饪书籍中，网络上也出现了妈妈们晒"胎盘食谱"的博客，其中包括"胎盘松露巧克力""胎盘墨西哥夹饼""胎盘千层面"等新式做法。反正这属于自己的"好东西"必须落肚为安，方可罢休。但此物也不是人人可以享用，唯胆大、心大者才可食也。

你的孩子不是你的

戳戳

　戳戳

坊间关于胎盘的传闻很多，中医药典里胎盘也赫然在列，大名"紫河车"，主要功效为"温肾补精，益气养血"，真的是好东西。所以想把自己的好东西带回家自己补补也是非常可以理解的，不过呢，新鲜胎盘的储存和加工以及相关知识，还是需要给大家科普一下的。

知识点一：胎盘附着在子宫壁上，它的本质是一大丛血管，胎儿通过胎盘与母体进行血液物质交换，实现营养和氧气向胎儿输送、代谢废物向母体输送的双向传送。当然从胎盘到胎儿还有一个叫做"脐带"的通路连接。看懂了这一段大家就应该能够理解，一个新鲜的胎盘中存着很多的残余血，一定是"血淋淋"的，如果拿回家，一定要放在冰箱里保存，不然很容易变质腐化。

知识点二：胎盘主要的食用方法有鲜食和加工成胎盘粉两种，鲜食对加工要求很高，曾经听过"专家"传授，要将大血管剖开，在自来水下冲洗很长很长的时间，直到残血基本冲干净，然后可以炖、煮、炒或剁馅包饺子吃（本人没有尝过，实在讲不出味道）。

你的孩子不是你的 　065

崴崴

> 胎盘粉我倒是吃过，小时候身体弱，老妈去中药店买来的，装在胶囊里吞下去也没啥感觉，据老妈说是把新鲜胎盘烘干后研磨而成。

朱医生

> 胎盘充其量只能算是中药原材料，未经加工的也算不上是药材，更不是食材。我觉得作为普通老百姓，在医院生了孩子之后把胎盘带回家，其实是在给自己出难题。新鲜的胎盘血腥气特别重，必须里里外外多重密封后放在冰箱冷冻室保存。随后你得尽快找到替你加工炮制紫河车的中药饮片厂，否则你会陷入进退两难的境地。若是半年内还没找到加工渠道，那可就惨了：吃了吧，怎么会有那胃口？继续冻着吧，占着冰箱位置耗着电不说，冻到什么时候才是头呢？到那个时候还有药用价值吗？扔了吧，不太甘心更不太放心，生怕引起不必要的误会（有杀人碎尸或弃婴抛尸的嫌疑）。所以，我要郑重其事地奉劝那些年轻的爸爸妈妈，除非你明确知道该如何处置，否则还是别把胎盘带回家。
>
> 之所以会有那么多人选择把胎盘带回家，其实就是当他们知道胎盘是名贵的中药原料、具有药用价值的时候，内心生出的"想得到，怕失去"的心理在作祟。这种心理虽然无可厚非，但对于健康生活却是消极的。

 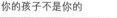你的孩子不是你的

朱医生

如果有一天你剪下来的指甲、毛发，甚至排出的尿液，都可以提炼出名贵的药用成分，难道你也要把这些东西都存在家里吗？对自己来说没什么用的东西，如果有人可以拿去制药救人，何不欣然成全呢？豁达开朗的心态，不仅可以减少你的烦恼，更会感染到你的孩子。

 戴戴

 戴戴

有一段时间我对我的病人做过一个随访（没有统计学意义的那种），产后检查时我都会问一问这些妈妈，带回去的胎盘怎么处理了。有约25%的人压根就没要胎盘，约25%的人自己找中药房或者熟人帮忙加工成了胎盘粉，约10%的人家里有处理胎盘的高手把它做成饺子啥的吃了（此处表达敬佩），约40%的人最终还是把它扔了！我默默地脑补了一下这些胎盘的最终结局：进垃圾桶被野狗野猫扒拉吃了！进垃圾桶把捡垃圾的吓着了！埋进绿化带里又被野猫扒拉出来！……从此以后我经常嘱咐孕妇：

你的孩子不是你的 067

戴戴

如果没有想好怎么处理胎盘的话，还是交给医院统一处理（送专门的医疗废弃物公司焚化处理）比较好，起码不会弄腥你的冰箱，起码不会让野猫用你的胎盘进补！当然如果你很有把握处理的话，不要浪费好东西也是极好的！还有一点要特别提出，对于那些患有传染性疾病，或者肝炎病毒指标异常的产妇来说，即使您想把胎盘带回去也是不可以的；那些存在病理情况需要对胎盘进行病理检查的，当然也不可以把胎盘带回家。

段爷

在第一次读《红楼梦》的时候，有一件事情让我很好奇，就是所谓的"紫河车"，其实就是胎盘啦。
我妈是妇产科医生，我是从小在产房里跑来跑去长大的，小时候我吃过胎盘。实不相瞒，胎盘的味道很特别，但不咋地，我记得我妈是把我和我哥支出去玩以后再烧这道菜。吃饭的时候只说是肉，但是一口下去觉得味道有些怪怪的，所以就不肯多吃了。我妈有个同事的女儿和我年龄差不多，她是喜欢吃胎盘的，并坚持长期吃的，到了初中以后她的体重就开始飙升，把我远远甩在身后，目测体重在160 ～ 180斤。我不敢说这全是胎盘所赐，至少是和胎盘相关。

 你的孩子不是你的

段爷

在老百姓眼里，胎盘是营养；在厨师眼里，胎盘是美食料理；在中医眼里，胎盘是可以入药的"紫河车"；在医生和科学家眼里，胎盘依旧是一个未解的谜团。在妇产科界，国际上有"胎盘学会"，有"胎盘学术会议"，有胎盘杂志 *Placenta*——这本 SCI 杂志 *Placenta* 的影响因子还不低，2015 年是 3.117。

你的孩子不是你的

结　语

　　胎盘在医学上来说还是一个谜，但对于孕妈妈们来说，应该如何处置自己的胎盘却是个必须决定的问题。每个人、每个家庭的想法都不一样，所以不要人云亦云，不要道听途说，如果想清楚了把胎盘拿回去做什么、怎么做，那么就拿回去吧！如果没有想清楚或者根本搞不清胎盘到底是个什么东西，那么还是留给医院处理吧！

  你的孩子不是你的

第8章

产后抑郁，你不一定认识

如果你问一个新妈妈，她有没有产后抑郁，估计大部分都会回答你"有"，即使没抑郁也快崩溃了！就近几年来看，关于产后抑郁引发的悲剧不断，你总是可以在社会新闻里看见，诸如《产后抑郁19岁妈妈捂死女儿，女婴被证实为机械性窒息死亡》《疑患产后抑郁症，30岁妈妈抱子坠亡》《新妈妈喂奶自责，最后用刀砍破左右手腕发泄对自己的不满》，这样的新闻令人触目惊心。很多人在看到新妈妈摔打自己的孩子，甚至抱着孩子跳楼的新闻时，心里都会气愤，然后说上一句："这种人根本就不配当妈。自己死就好了还搭上个孩子！什么产后抑郁呀！就是矫情。"

段爷在《怀孕生孩子那些事之产后抑郁》这篇推文中这样写道："寂寞蚀骨，抑郁穿心。对于大多数人来讲，抑郁只不过是一个不痛不痒的医学名词而已，但是对于产后抑郁的妈妈来讲，这却是恶魔一样的存在，是挥之不去的梦魇。"

但是，很多人并不认为产后抑郁是那么真实的存在，以为不过是医生们发明了一个名词，让产后的女人多了一个"作"的借口而已。男人认为这是老婆作，婆婆以自己过来人的经验说媳妇是在作，因为她以前生孩子的时候根本没有听说过产后抑郁，自己也没有什么产后抑郁，现在的孩子都被宠坏了，产后抑郁不过是个臆想而已，是痴人说梦。

其实，产后抑郁并不是虚妄的医学名词，对于产后抑郁的患者来讲，抑郁是真实的存在，它影响的不仅仅是产妇本人，还会波及家人，在严重的情况下甚至会导致对新生儿和产妇自己的伤害。

对于产后抑郁患者来讲，说些"你要想开一点啊，要振作起来呀，你要学会放下，一切都会好起来的"等心灵鸡汤的话是没有用的。

她们需要的是亲友的陪伴、倾听和理解；她们需要的是专业人士的指导和治疗。

你的孩子不是你的   071

产后抑郁症有多普遍？

- 大约每七名妇女中就有一名经历产后抑郁症。
- 知道自己患有产后抑郁症的妇女中有一半以前从未感到过忧郁。
- 知道自己患有产后抑郁症的妇女中有一半可能在怀孕期间就有症状了，这是所谓的"产前抑郁症"。

朱医生

大家可能对抑郁症这个词比较熟悉，但是对具体产后抑郁的表现方式不太了解，其实很多貌似平常的表现很有可能就是抑郁症早期的表现。

首先是**睡眠障碍**。正常情况下，成年人每天睡眠时间在8小时左右。产妇，无论剖腹产还是顺产，由于体力消耗比较大，可能需要更多时间的休养来恢复身体，虽然由于需要全天候时不时地喂养和护理新生儿，睡眠时间会变得支离破碎，但产妇平均每天累计的睡眠时间大约为8～10小时。

睡眠障碍，是许多产后抑郁症患者都有的症状。睡眠障碍既可以表现为睡眠时间短、入睡困难、睡眠不足，也可以表现为睡眠时间过长、睡不醒，还可以表现为睡眠质量差、即使睡足了10小时依然感觉全身乏力、无精打采。

我曾经在电视台的《新老娘舅》节目中看到一户家庭因为婆媳大战闹得不可开交而去接受调解。

朱医生

婆婆因为生了孙子满怀喜悦、兴高采烈地专程从老家来上海照顾儿媳和孙子。可儿媳这头似乎完全不领情，对婆婆的到来没有足够的热情，对于宝宝的护理也不怎么在意，任由婆婆一手操办，自己只顾闷头睡觉，每天睡12个小时都不够，不要说照顾自己的孩子了，就连自己洗脸、梳头都是马马虎虎，内衣、被褥也非要家人再三催促才肯换。这些所作所为，让婆婆忍无可忍。但是，偏偏这样一个看似一无是处的媳妇却还要动不动就对丈夫发脾气，莫名其妙就会歇斯底里地大吼大叫……终于，婆媳大战开始了，一个原本可以挺幸福的小家庭到了破碎的边缘。

回顾这个案例，可以发现这就是较为典型的以睡眠障碍为主要症状的产后抑郁症。家庭成员如果能够及早发现和识别这种类型的产后抑郁症，并且及时求助专业的心理咨询师的话，那么产妇乃至整个家庭因此受到的困扰就会更少一点。

其次是**食欲改变**。无论你是一个胖子还是一个瘦子，人的食欲强度总是相对恒定的；无论你的饮食习惯偏清淡还是重口味，对于各种食物的喜好也是相对固定的。

沈蕾

你的孩子不是你的

朱医生

但是当人的心理出现重大变化的时候，食欲就会随之改变。比如，生活中我们会见到失恋的亲友把自己一整天关在房间里却不肯吃饭，这就是心理因素导致的食欲减退。反过来，如果我们在餐厅见到孤身一人的女性点了一桌子菜在那里胡吃海喝的话，那么很有可能她刚刚跟自己的男朋友分手了，这就是心理因素导致的食欲增强。人的食欲，其实是心理状况的一个投影。心理问题，经常会以食欲的突然变化而浮现出来。当然，心理因素不仅仅可以改变食欲的强弱，甚至还会改变食欲的指向。我曾经在一次讲座上接触过这样一个案例：一位产妇，在生完孩子之后变得非常脆弱，原本行事果敢的她变得多愁善感了，不起眼的一点点小事也会引发她的哭闹。与此同时，她的饮食喜好突然发生了令人匪夷所思的转变。从小到大一直非常讨厌吃面条的她，在身为人母之后突然喜欢吃面条了，只要一天不吃面条她就会觉得浑身不自在。在讲座的现场，我没有时间去了解这位母亲背后所经历的那些故事，只是笼统地给了她这样一个解释：面条只是一个象征物，它代表着你过往生活当中的某个人或者某件事。此话一讲，这位妈妈当着在场几十号人的面突然号啕大哭，她丈夫一下子不知所措，只好扶她去教室外冷静一下。

在讲座结束的时候，这位妈妈在丈夫的陪同下这样来向我解释：

你的孩子不是你的

朱医生

她是陕西人，而那一带都是以面食作为主食。但是她从小跟自己的父亲一直关系不好，长期处于你往东我偏往西的"敌对"状态。所以对于父亲钟爱的面条，她一向都讨厌。后来她考上了上海的大学，又留在上海工作，还在上海成立了家庭……父亲似乎淡出了她的生活。一直到接到老家的电话告诉她父亲查出晚期胃癌后，她和丈夫回到她老家来到父亲的病床前，父女关系才第一次真正缓和了。作为女儿在全心全意照顾父亲不到两个月后，父亲还是去世了。料理完后事，她重新回到原来的生活当中。如今她已身为人母，在生命传承的节点上，一方面是对自己的孩子充满了期盼，一方面是对父亲的回忆、愧疚、遗憾，正是百感交集之下，对于父亲的思念，幻化成面条出现在她的现实生活里。

这个亲情故事虽然有些凄美，但是却提醒我们：产妇食欲的巨大变化，往往是心理活动的外在表现，细心加以观察或许可以帮助我们及早发现产后抑郁症哦。

然后是**情绪抑郁**。平安地诞下孩子，本是一件欢天喜地的大好事。可是，偏偏会有一些母亲非但没有表现出应有的喜悦，却反而经常哭哭啼啼，甚至终日以泪洗面。当然，在产后会莫名其妙、难以自控地出现流泪和哭泣是七成产妇都一度会有的一个普遍现象。这就好比阳光灿烂的日子里，突然下一场雷阵雨，不过很快又雨过天晴了。

))　你的孩子不是你的　　　　　　　　　　　075

朱医生

真正产后抑郁症的情绪抑郁，则在时间上会持续更久，一般都在两周以上，而且在程度上也会更为强烈。

产后抑郁症的抑郁表现又可以分为内向与外向两种类型。内向型抑郁的当事人，总是把种种不如意归咎于自己，例如"阿姨喂怎么就肯吃，我喂怎么就不肯吃？""别人一次可以吸出80毫升奶，我怎么就只有30毫升呢？"……而外向型抑郁的当事人，通常把矛头指向别人，例如"你们那么吵，我和宝宝都没法睡觉了！""这么难吃的月子餐，我怎么会有胃口？"要知道，作为亲属，尤其是身为丈夫，如果遇到一个外向型抑郁的妻子，或许会受不少委屈，但任其发泄一下就可以避免其他更大的伤害。但是对于那种内向型的抑郁则要格外小心，因为这种类型很容易伤害当事人自身，必须引起足够的防范。

另外，对于产妇的哭泣，如果没有好的办法加以疏导，请千万不要贸然加以制止。哭泣作为一种有效的宣泄方式，一旦被阻止了，淤积在心里的负面能量可能在积累到一定数量之后来一次大爆发，由此带来的伤害会远远超出哭泣的伤害。

此外，抑郁还会表现在**躯干症状**上。产后抑郁症除了有心理上、情绪上、行为上的表现以外，还会以恶心呕吐、胸闷心慌、呼吸困难等方式表现出来。

我在经营月子会所10多年的过程中，就遇到数名产妇因为身体上的各种不适症状而去医院就诊。

你的孩子不是你的

朱医生

虽说每一个前往就医的产妇主诉的症状各不相同，有反复恶心呕吐的、有胸闷心慌气短的、有呼吸困难的……甚至还有血压升高的，不过这些形形色色的躯体症状背后，都隐隐约约表现出一些共同的特征：① 症状与体征不相符，主诉的症状往往很严重，而体检的结果却常常很轻微或者干脆为阴性结果；② 当事人与亲人间看似不经意的言语或举动，往往是引起症状发作的诱因；③ 对症的治疗效果有限，而安慰剂治疗却可能奏效。

戴戴

 沈蕾

近年来受二胎政策、经济压力增大以及人际关系紧张等因素影响，产后抑郁症的发生率逐年上升。就像朱医生讲的，对病症认识的不足和羞于提起的心理让很多产妇并没有得到相应的帮助和及时治疗。

美国调查发现，大约20%的女性会得产后抑郁。这一概率在国内的数据为15% ~ 30%之间。

你的孩子不是你的　　　　　　　　😊 ➕

沈蕾

产后抑郁症妈妈中有相当一部分是高学历、高标准妈妈，换言之，她们在没怀孕前也是个完美主义者。当宝宝降生哪儿哪儿都不达标的时候，挫败感、焦虑也就应运而生。我自己就是一个很好的例子，当乳腺不通的时候，当乳头皲裂还要咬着牙让宝宝一口一口吮吸的时候，当怎么哄也不对的时候，当睡眠碎成片片记忆力急剧衰退的时候，当看着自己变形的身材、蓬头垢脸的模样的时候……你说谁的情绪不崩溃呢！

 截截

很多年以前我还是小医生的时候，接诊过一位来分娩的香港明星，值班时就觉得她有点奇怪，也没多想。后来没多久就在报上看到她跳楼自杀的新闻，就是产后抑郁症！那是我第一次对抑郁症有如此真实的感受，这也或许是驱动我后来又去学习了心理咨询的因素之一。在多年的临床中，我发现心理上的问题有时比医学上的问题更重要、更棘手。

朱医生

你的孩子不是你的

沈蕾

我也算是个做了充分思想准备和知识储备的妈妈，也许是因为我生孩子的时候已是高龄中的高龄了吧！但即便如此，我还是没有预估到一个新生宝宝是多么的不按常理出牌，他常常会杀你个措手不及、人仰马翻。很多父亲觉得一个家庭新成员的诞生应该对日常生活影响不大，顶多只是经济上的负担。但实际情况显然不是如此。

我在这里要强调一下父亲、丈夫的作用。对于调节新妈妈的情绪，我们的新晋父亲可以做些什么呢？

（1）多赞扬（此处甜言蜜语无限量供应），肯定新妈妈的努力和付出。

（2）发挥"垃圾桶"的作用，听她倾诉，让她宣泄，必要时和她一起骂街（门关起来）。行为标准可参照"闺蜜"。

（3）时不时地搭把手，让太太有点自己的时间。用这个时间，她可以去美个容，理个发，喝个下午茶。新妈妈的生理和心理透支是很大的，只有歇好了，才能以饱满的干劲再次投入战斗！

（4）快速进入父亲的角色。换个尿布、洗个澡、哄睡拍嗝，晚上自己起来帮着喂个奶，这些都能让爸爸魅力无限。都说小婴儿这个生物，"谁被虐得最深，谁就对他难舍难分"，想要娃娃亲老婆爱，这些技能不可少！

你的孩子不是你的

戴戴

其实产后的抑郁情绪和激素水平的波动大有关系，原来孕期分泌大量激素的胎盘娩出后，体内激素水平急剧下降，本身就会导致情绪暂时性处于抑郁状态，比如动不动就想哭、情绪不高、懒得动等，但一般1～2周就会恢复正常。如果较长时间症状持续发展，那就要警惕抑郁症了，要及时找心理医生干预。抑郁症更容易招惹谁呢？其实还真不太好说，泛泛总结一下，夫妻关系不好或者缺乏家庭支持系统的，没长大、没做好当妈准备的，性格原本内向、思虑较多的，对孩子性别期待较高又没有实现的，孕期或哺乳期遭遇重大变故的，遇到这些情况的新手妈妈相对来说更容易发生抑郁症。所以我们比较建议年轻夫妇先做好心理准备再生娃，这样的话，诸如产后抑郁、隐形爸爸、生娃闪离这些糟心事儿会少一些。

沈蕾

朱医生

还有一点我要特别提醒所有的中国家庭：产后6个月才是产后抑郁症容易被忽略的发病高峰。

　你的孩子不是你的

朱医生

虽然国际上心理学教科书都把产后6周列为产后抑郁最主要的发病期，但是在中国的实践中却发现并非如此，许多妈妈在这个阶段虽然会有一些情绪抑郁的表现，但是在全家总动员的坐月子呵护之下，一般能有效地渡过这个难关。而到了产后6个月左右，原本老一辈的全力支持会有所撤退，而妈妈往往都已经恢复工作，甚至不再享受单位对于怀孕和哺乳期女职工的照顾特权。

另外，6个月以后，孩子进入了频繁生病的阶段，而孩子生病会给妈妈带来巨大的心理压力。在如此"内忧外患"的重压之下，个别心理承受能力比较弱的妈妈就会面临极大的挑战，而此时如果她得到的支持和关注又不足以应对挑战的话，就有可能引发抑郁症的急性发作，甚至造成极其严重的后果。许多见诸媒体的产后抑郁的极端个案，其发生的时间往往就是在产后6个月前后。

如果生完孩子以后的妈妈反复出现相似的病症，作为丈夫或者亲友就有必要多留一个心眼，别把产后抑郁症当作一般的身体疾病给耽搁了。

 戴戴

你的孩子不是你的　　　　　 081

　　宝宝的到来，应该是人生中快乐幸福的事情，也是我们新旅程的开始。其中也许会有一段天翻地覆、混乱不堪的时光，但是所有的困难都只是暂时的，成长总有烦恼，当夫妻携手共渡最初的难关后，就会迎来美好的小家庭生活的新篇章。

你的孩子不是你的

第9章

离乳

母乳是婴儿最自然、最安全、最完整的天然食物，它含有婴儿成长所需的所有营养和抗体。

母乳喂养的三大好处：

（1）满足口唇欲。根据德国心理学家弗洛伊德的人格发展理论，1岁以前处于人格发展的口唇期。1岁以前，如果宝宝的口唇欲得不到满足，日后就可能造成悲观性格，很难对外界建立起信任感；而过度满足则可能导致放纵、依赖的性格。婴儿主要依靠口唇的吸吮、咀嚼、吞咽等动作获得满足，假如这些口唇活动受到限制，就可能导致一些人格发展的障碍：表现在行为上可导致贪吃、酗酒、嗜烟、咬指甲等，反应在性格上会出现悲观、依赖、洁癖等，这些都被认为与口唇欲未得到充分满足相关。因此，即便是妈妈由于各种原因没法继续亲喂母乳了，但是抱着宝宝用奶瓶喂配方奶，依然能实现婴儿对口唇欲极大的满足。

（2）获得免疫力。宝宝出生时与生俱来的免疫力，在他们6个月左右就消耗殆尽了，如果此时继续坚持母乳喂养的话，宝宝就可以从母乳中获取母亲提供的免疫力，相对于人工喂养的同龄宝宝，生病的机会就大大减少了。孩子生病是受罪，照顾生病的孩子也是受累，相对于在6个月之后继续坚持母乳喂养的辛苦付出，很多妈妈还是宁可自己辛苦一下，也要让孩子少受罪。

（3）建立安全感。从子宫来到这个世界，宝宝的第一感觉是陌生、恐慌和不安，唯有妈妈的怀抱、妈妈的气息、妈妈的声音、妈妈的乳头以及妈妈的乳汁，才是宝宝唯一的信赖。宝宝正是通过母乳喂养来建立对这个世界的安全感的。

从打算母乳喂养开始，能够顺利地自然离乳就成了大部分妈妈的心愿。这篇我们重点聊聊离乳。

朱医生

世界上各种哺乳动物，离乳的时间各不相同。例如狗是大约8周，马为8～12周。关于婴儿离乳的时间，可谓众说纷纭，相互之间差异非常大：有说3个月的，也有说半年的，甚至还有说是5岁的……而我个人建议在孩子1岁左右时停止母乳喂养比较合适。

WHO（世界卫生组织）所倡导的纯母乳喂养的时限是6个月。只要条件允许，妈妈们还是应该把这6个月的哺乳坚持下来，因为在此期间没有比母乳更有利于宝宝健康的营养来源了。而6个月到1周岁期间，虽然不强求要纯母乳喂养，但还是希望妈妈能坚持多久就坚持多久。虽然6～12个月期间，母乳已经不再是宝宝获取营养的唯一来源，甚至不再是营养的主要来源，但妈妈的哺育却依然有着不可替代、至关重要的作用。

沈蕾

说到离乳，不得不提开奶。想想女人也真是不容易，我们总以为生孩子的12级痛应该是人世间最销魂的磨炼了吧！非也！就我个人的经验来说，你现在问我生孩子痛吗？我会回答不痛。难道我是个超人妈妈，生孩子都感受不到痛感？当然不是。我这么说是因为有一种痛超越并凌驾于生产的痛之上，让你求生不得求死不能，这就是开奶的痛。在生产之前，我的母亲就和我细数外婆奶多、她也奶多的传奇故

 你的孩子不是你的

沈蕾

事。言下之意就是，你要是没奶简直是没天理，是对我们家基因的最大亵渎。生完的那一天果然如我暗黑的揣测一样，没有半点动静。于是我母亲便唐僧般忍不住开始念经了！萦绕耳边，久久不去。什么孩子会饿坏的呀！要不还是给他吃奶粉吧！真是没有想到宝宝这么小就吃不到母乳……我想其实这是大多外婆们的常态吧！她们没有恶意，但对于当时躺在床上的产妇，确实是挺伤的。我想没有哪个母亲会不愿意为孩子付出，但很多事情，急，不解决问题啊！

产后的第二天，在经历了开奶师一溜搓、揉、捏、打之后，仿佛有动静了！但是这也是我痛苦旅程的开始。虽说这第一次开奶按摩已是按得我七窍生烟，但这居然是我之后近百次按摩中最和风细雨的一次。由于我本身的乳管太细，乳量又大，导致我在几小时之后双乳如石。奶水很多，但输不出去，全线堵塞。整个胸口滚烫，无法触碰！这边孩子嗷嗷待哺，那边妈妈痛不欲生。不过所幸医护人员坚决执行"世上最好的疏通乳腺的帮手就是宝宝"这一方针，我和我们家儿子开始了一场属于我们俩的人生战斗：他一面拼命地吸，一面战果了了；我一边忍着浑身的痛，一边咬着毛巾喂奶。就这么整整一天一夜，胜利的号角终于吹响，而我早已经浑身湿透，儿子也筋疲力尽地在我的胸前睡着了！

你的孩子不是你的

朱医生

戴戴

开奶、离奶都不容易啊！回到离奶这个问题真的是各种纠结。有人说断奶就是要短平快，爽气！有人说断奶关键是断妈，让妈妈离开一星期，一切搞定！个人很不喜欢这种简单粗暴的断奶法。比如逃避法，我已经听过好些个奶奶说她们当年就是这么干的，也都很成功啊！也许奶奶们已经忘记了当年离开娃儿这一周的煎熬痛苦了，但几个月大的奶娃娃突然之间就不见了妈，没有了熟悉的母乳食物，那种"被抛弃"的巨大打击是肯定的，对孩子今后的心理以及母子关系也是有一定影响的。

我想说的是，母乳喂养这么一件美好的事情，为什么不能用相对平和的方式去结束呢？一定要如此粗暴才行吗？难道所有的孩子都可以用同样的方法去对待吗？在离乳的问题上就没有个体差异吗？

 沈蕾

 你的孩子不是你的

沈蕾

可以说我在面对离乳这个问题的时候是心有余悸的。所幸的是我决定母乳喂养的心意很坚定，心心念念地希望至少可以喂他到一岁。在这将近一年的母乳喂养的时间里，我也越来越明白，这在养育孩子的过程中是多么需要顺其自然、水到渠成。我是在我们家宝宝6个月的时候回去上班。由于我的工作比较特殊，每天只需要和他分开4个小时，但以我当时的奶量，2个小时已是极限。那时候为了给他储备充足的弹药，我还专门在家中添置了一台冰箱。虽说不用像别的妈妈一样背奶，但每天在单位吸奶还是必修的功课。渐渐地，每天的亲喂被奶瓶喂所代替。我这头高产的奶牛，产量也开始下降了。到了宝宝8个月的时候，我们准备让他戒夜奶。渐渐地母乳变成了他半夜醒来时的一个安慰，嘬个几口过个瘾，仅此而已。2个多月后，就在我们准备强制执行离乳的时候，儿子在某一天晚上就不再贪半夜的这一口念想了。就这样他离奶离得自然而然，我断奶断得悄无声息。

戴戴

戴戴

对啊！我认为完全可以也应该根据母亲的工作情况和精力、娃娃的先天性格气质、家庭的综合条件来"定制"每个宝宝的离乳方案嘛！以我自己的经验来说，因为高龄高危申请了6个月的产假，于是定定心心地在家喂了6个月母乳，在上班前就已经决定先背奶，然后逐步过渡到混合喂养，然后自然离乳。从上班前3周我就开始做一些准备，比如每天和宝宝"谈谈"妈妈要去上班这个问题，告诉她妈妈只是白天不能陪她，下班回来就会来抱抱她的。有时白天我会离开2个小时，把娃交给外婆和阿姨带，但出门前一定会跟宝宝打招呼："妈妈有事出去一下哦！等会儿回来!"回到家也必定先跟宝宝报到："妈妈回来啦!"有人觉得我神神叨叨，这么小的娃哪会懂啊！其实这是大人低估了孩子的领悟能力，她自然会从妈妈的语气、神态中辨别意思。接着，我从上班前2周开始让娃适应奶瓶，有时我会在奶瓶里灌点水，或者母乳，又或者冲一点奶粉，然后让娃试着尝尝。如果她心情好愿意吸，就让她多吸一会，如果心情不好推开，也不勉强，过两个小时再试。总之，不把吃奶瓶这件事搞得鸡飞狗跳，大哭小叫，给娃一个熟悉适应的过程。等到正式上班，我就带着吸奶器和冰包，吸出来的奶就存在冰包里，下班带回家存在冰箱里，作为娃明天的口粮。回家后和晚上就自己带娃亲喂。这样持续了3个月，我的奶量越来越少，娃也完全习惯了这种模式，也不知道哪一天就自然而然地不喂了。

你的孩子不是你的

沈蕾

哈哈！原来在潜移默化中我已然无师自通啦！断了奶之后我才得知所谓的自然离乳，其实就是让宝宝自己决定什么时候断奶。自然离乳让宝宝以自己的步调成长，依自己的时间表来离乳。这就是水到渠成。妈妈选择强行离乳还是自然离乳，对于妈妈本身以及宝宝的身心舒适起着非常重要的作用。循序渐进的自然离乳可以让妈妈和宝宝充满爱意地完成离乳过程，而强行离乳听上去就已经两败俱伤了！

 戴戴

有很多比较早返回职场的妈妈都会提前准备很多冻奶，也有坚持背奶好几个月的妈妈，也有干脆辞职两年专心带娃的妈，不管什么职业状态，都可以找到适合自己的母乳喂养之道，也同样可以找到大人小孩都不受罪的离乳方法。有的娃天生比较敏感，需要的安抚比较多，这样的孩子就更不能硬性断奶，要注意拉长断奶的阶段周期，给娃更多的适应时间，同时要多做母婴接触，多给娃做抚触、做按摩、讲故事和陪伴，总之不要把断奶这件事搞成"遗弃"事件，更不要搞成"暴力"事件，以免对孩子的心理和亲子关系造成长久的伤害。

沈蕾

你的孩子不是你的　　　　　　　　　　😊 ➕

朱医生

是啊！民间还有一些强行离乳的方式，例如：往妈妈乳头上涂抹辣椒水、清凉油、苦瓜水等刺激性物质，强制性地把安抚奶嘴往宝贝嘴里塞，等等，都很容易让宝宝对配方乳、辅食产生畏惧或厌恶心理，甚至还会对既往相信的家人产生怀疑和恐惧心理。

但回过头来说，母乳喂养尽管好处多多，但宝宝终究还是要过渡到日常饮食的。平稳地实现从母乳向一般饮食的过渡，关键在于用新的食材、新的口感激发宝宝对世上各种美味的向往，而不是一味地阻止他/她对于母乳的留恋。

沈蕾

我同意朱医生的观点，其实喂得过久也是会显现问题的。从某个角度来讲，断奶生生切断了宝宝和妈妈之间最亲密的联系。喂得越久，对于大人和孩子来说越难以割舍。不仅是宝宝，对于妈妈来说，也是铭心刻骨的呀！所以在一个恰当的时候做一个适合的决定很重要。

 你的孩子不是你的

结 语

　　渐渐你会发现，在孩子生长发育的过程中，有着许多自然而然、顺势而为和水到渠成。硬是违背自然规律是会给孩子带来许多后患的。但当断不断也会阻碍成长的脚步。断奶意味着宝宝又踏入了人生的一个新阶段，妈妈也要在育儿的过程中不断调整心情、顺应变化。孩子的养育过程就是一个渐行渐远的过程，我们和他/她渐渐分离，他/她才能慢慢长大！

你的孩子不是你的

第10章

早开口和晚开口

路透社2013年公布的数字显示，直至两岁都不开口说话的儿童比例占7%至18%，其中绝大部分儿童的语言能力可在学龄前赶上同龄人。先前一些研究表明，不开口说话的儿童可能会面临心理问题，但这一状况是否会在成长中消失不得而知。

最新一期美国《儿科》月刊刊登研究团队的报告。引领研究的安德鲁·怀特豪斯在报告中认定，"两岁儿童词汇表达迟滞，不是导致日后举止或情感紊乱的动因"，换句话说，只要儿童其他方面发育正常，父母可"静观其变"。

微信 (128)	辣妈朋友圈 (1076)

 戴戴

> 有时候想想也蛮好笑的，现在养个小囝怎么啥都要比！在肚子里的时候比B超报告上的各种指标，骨头长短要比，头围大小要比，连羊水也要比；生出来以后比得更多，吃奶多少要比，拉屎多少要比，身高体重更要比；等娃再长大不仅要比，还要带着情绪比，比识字多少，比谁报的兴趣班多，比成绩比才艺比学校，比得大人疯狂、小孩痴癫！

 戴戴

 092 你的孩子不是你的

戴戴

其实有啥好比的，人类之所以好玩有趣，全因为各不相同，如果哪一天全部像《黑客帝国》里一样，个个智力超群、身手非凡，那恐怕不是有趣，而是恐怖了！所以为人父母首先应该想通这一点，其次要不停地在育儿道路上提醒自己：每个娃都是独一无二的，不要比！不要比！不要比！

沈蕾

记得那次在名优新主持人颁奖的后台，几个当爹当妈的主持人聊得正欢。不知怎么就聊到早开口和晚开口这个问题上了！曹可凡大哥侃侃而谈，"我们这儿好多都是晚开口的。陈蓉，3岁才刚开口呢，家里都急死了！现在还不是吃开口饭？我们家儿子也开口晚，差不多也要3岁多呢！"

当时，我的儿子已经一岁多了，也不是很会说。我自己是没比较，说白了也不着急。这事儿不是水到渠成的嘛！可是家里的老人们是真爱比啊！今天跟你叨叨，"楼下谁谁谁家的，比我们大两个月，什么都会说了。我们怎么到现在只会叫爸爸、妈妈"。明天和你回忆："还有你哦，你小时候16个月就会唱'小小竹排来'，我抱你坐公交车，大家都稀奇得要命。"真的吗？这么多年过去了，我第一次觉得我居然也曾是个神童哎！但也没见我现在有多少过人之处！哦！做了主持人，也许是宿命吧！

你的孩子不是你的　　　　　　　　　　　　 093

朱医生

我认同晚开口的孩子更聪明的说法，前提是排除了因为听力或者智力的缺陷所导致的晚开口。之所以会出现晚开口更聪明这样的现象，我认为主要是这几方面的原因：

后来居上，在现实生活中是很常见的现象。马拉松的冠军往往不是起跑时冲在前列的选手。起跑的时候，冲在第一列的马拉松选手，往往是成不了比赛冠军的，要想赢得比赛的胜利，必须全面、综合地分配自己的体力，在该发力的时候发力，在该冲刺的时候冲刺。人的语言系统的发育和发展，也是同样的道理。

沈蕾

 戴戴

在我看来，开口早晚也是一个非常个性化的问题，完全无须去比较早晚，引发不必要的焦虑。不要说古往今来，只要稍微统计一下亲朋好友的情况，就很容易得出结论，开口早晚和聪明与否没有半毛钱关系。

你的孩子不是你的

戴戴

开口早晚通常与养育环境、养育者的个性有关系。曾经有一位朋友向我求助，说娃都三岁了还不太能说连贯的句子，我问了一下养育情况，发现都是老人在老家带孩子，而且老人比较内向少言，也不常给娃看电视。问好我心里就有底了，赶紧劝慰朋友别着急，建议他把娃带在自己身边，多跟他说话，多读故事给他听，多带他和其他小朋友一起玩。果然几个月后朋友就欣喜来报：孩子语言能力发展得很快，已经快赶上同龄的孩子了！

沈蕾

现在家庭的结构和以往都不太相同了，多个语言体系的较多。外婆说上海话，奶奶说普通话，阿姨讲四川话，也可能爸爸还要来个外国话。在这样的多语言环境中，想来孩子也是晕的。我自己做了多年的广播节目《阿拉上海人》，常年两个体系上海话和普通话无缝切换，就这样，有时候还是会卡带说错，频道调不过来呢！更何况是牙牙学语的孩子呢？我们家之前遵循各司其职的做法：外婆和他说上海话，妈妈和他说普通话，爸爸和他说英语。想得好未必就真的好。我们家儿子一岁多还是停留在简单的单词上，一个字一个字艰难地往外蹦。但至少排除了先天语言障碍的可能。

你的孩子不是你的

沈蕾

最近他28个月了，让我惊讶的是，他在这短短一个月的时间里，从一个字一个字地往外蹦到一首一首儿歌，一整句一整句的遣词造句。让我惊讶得一愣一愣的。可是主持人的基因有时候也挺让人烦心的，因为拥有一个唐僧儿子，耳根想要清静会儿都不行！这么说是不是会遭打？

很多家长甚至我的家人常常会觉得，孩子这么小，什么也听不懂，说这些有意义吗？但我和戴医生一直坚定认为，不管他懂不懂，我就当他是懂的来交流。此处再次握手戴戴。我的育儿路离不开你的指引。

 戴戴

我真的影响了你啊？！握手！其实我们家姑娘开口也不算早，但是一开口就是说的句子，而且很早就会用成语来表达自己的意思。回顾一下我的养育过程，可能有几点还是比较有参考意义的。当她还是个小婴儿的时候，我就一直对她说话，背着她去逛街购物时就向她描述街景，讲我们去买什么；不管她听不听得懂，我也每天跟她讲故事，读绘本，我想这就是语言的积累吧。我们家也从来不会因为娃娃小，就迁就她用婴儿语言跟她说话，比如"吃饭饭""拉粑粑"之类的，读故事也不会把书上的话改成小娃娃容易听懂的话来说。

你的孩子不是你的

戳戳

这样做的好处是孩子从小接触完整的书面语言，自然而然就理解并接受了这些书面语言，在自己表达的时候也就会比较准确地使用书面语言。还有很重要的一点就是：永远不要低估小孩子的能力！

朱医生

人的语言系统的发育遵循着自身的发展规律，语言交流包括了听和说两大部分，而听是说的前提条件。聋哑人之所以丧失了语言交流的能力，不是因为他的发声系统出现了问题，而是由于他的听觉系统发生了障碍。而那些语言表达天赋超好的人，首先一定有着出众的倾听能力，不仅能够听懂语言的普遍含义，更能通过语音、语调和语气听出一般人不易察觉的"弦外之音"。

开口早于同龄人的孩子，或许只是擅长在语言上模仿，不见得就真的更聪明；而开口稍晚于同龄人的孩子，其实有着更充分的时间和机会去学会倾听、理解、体会语言的内涵，未必就是智力发育落后于同龄人。

父母应该用"可持续发展"的眼光来看待孩子语言能力的培养。对于开口相对早一些的孩子，父母没必要沾沾自喜，而更应该加强对孩子倾听能力的训练。那些开口晚一些的孩子的父母，没理由怀疑孩子的智力不如别人，而应该着力于引导孩子通过语言来表达。

你的孩子不是你的

沈蕾

我曾经看到过有个妈妈说她两岁四个月的儿子的事儿，好像是因为当妈的硬要给他套一件外套，儿子不乐意，口齿清晰地说："我下楼拿根大大的棍子把妈妈打死。"有方法，有目的，思维清晰，手段残忍。短短15个字，不但清晰地表达了自己的情绪，而且能准确地表达计划采取行动的地点、使用的工具、行动的方式、行动的对象和预期的结果。从语法结构上来看，主、谓、宾、补、定、状，一应俱全，近乎完美。他们家也是儿子开口晚，两岁才刚刚学会说话。但最近几个月，时不时地就能说出这样让人愣半天神的话来。

朱医生

朱医生

这个年龄段正是攻击力最旺盛的时候，男孩子尤其明显，他们趋于通过攻击他人、攻击环境来显示自己的力量，攻击的方式主要是行为和语言。

戴戴

唯一需要父母们注意的一点是，有一些疾病的表现就是孩子到了年龄不说话，比如我们小时候，很多孩子的听力障碍就是一直不开口说话才被发现的，又比如自闭症的孩子也有不开口的问题。但家长也不必焦虑，这些问题其实在不开口之前就会有很多表现，只是父母们没有注意到而已。所以就婴儿时期来说，父母应当更多地关注孩子对于周围事物的反应。比如你和宝宝说话时，宝宝是否有表情的变化，是否会眼神看着你，是否会咿咿呀呀，等等。如果宝宝的情绪反应都是有的，只是不说话，那是不需要太过担心的，只是宝宝还没准备好说话而已，也许他们心里在想："现在我就是不高兴说，等我想说时再说吧！"这类宝宝往往一开口就一鸣惊人！

沈蕾

我自己的经验是：

（1）从开始看绘本、讲故事起就用书面语言。

（2）不要用孩子的口吻、语气和他说话，尽量杜绝"吃饭饭、喝水水"之类的语言。

（3）在和孩子交流的时候要蹲下身子，看着他/她的眼睛。

（4）孩子有一阶段会像是结巴，那只是他在遣词造句，寻找合适的词。耐心，耐心，再耐心。

你的孩子不是你的

戴戴

朱医生

人之所以要通过语言来表达，是出于现实的需求。而一些对孩子呵护备至的父母，由于太过"善解人意"，只要孩子一哭闹，甚至不用哭闹只要一个细微的表情，无论是生理的还是心理的需求统统都满足。请问，这样的孩子还有什么必要通过语言表达来寻求满足呢？

城市长大的孩子比农村长大的孩子之所以对于非母语语言学习能力更强，并不是因为城市学校的教学更完善，而是城市的语言环境更多元、更复杂，不像农村的纯母语环境那么单纯，这也就迫使城市的孩子去学习和适应这种多元的语言，从而让他们的语言表达能力得以提升。

在文章开头的这项持续多年的研究中，研究人员向1 400多名两岁儿童的父母发放问卷，了解儿童的词汇量。3年后和15年后的两次回访跟踪调查发现，开口说话早晚所伴随的心理问题比例差别已消失，"早开口"与"晚开口"没有太大区别。

100 你的孩子不是你的

结 语

　　孩子说话晚，原因可能有很多。语言的发展有他自身的内在规律，也有个体差异。在排除了一些智力因素甚至是自闭症的可能性之后，如果只是单纯语言发育迟缓，爸妈大可不必太过焦虑。在生活中，尽量给孩子创造说话的环境，多与人交流，父母多和孩子对话，相信不用太长时间，孩子一定会给你一个大大的惊喜！

　　但是家长也千万不能忽视孩子存在的语言问题，让一句"开口晚"耽误了孩子最佳的治疗时机。及早发现孩子的语言问题，及时干预，为宝宝创造一个良好的语言环境，才能为宝宝打造一个良好的人生开端。

第11章

身高纯靠遗传吗

荷兰人平均身高最高，亚洲人到荷兰常因坐车够不着汽车扶手，坐在坐便器上脚够不着地而闹笑话。在亚洲，平均身材最高的是韩国人。而日本年轻一代的身高也略高于我国。

微信 (128)　　　　　　　　　　辣妈朋友 (1076)

 朱医生

> 孩子未来的身高，始终是做父母的最为关心的事。从找对象、谈恋爱开始，择偶的标准中对于身高体态的选择，多半都是出于优生的本能。

载载

> 说到身高，我很自然地就想到了可爱的Tony——段涛院长，虽然段爷身材不高，但人家脑子确实好使，魅力十足。记得有一次他在会上说："我要感谢我妈怀我的那个年代，B超还没现在发达，不然我股骨短小，肯定要被做掉了！"场下笑作一团，相信在座的产科医生都脑补了孕妈妈们拿着B超单跟你纠结那些骨头尺寸的画面！以后就好办了，再碰到这样的，只要拿段爷做例子就好了："宝宝不高怕啥，像段爷也不错啊，都说浓缩的才是精华啊！"

 你的孩子不是你的

戴戴

真的，在产科门诊经常会碰到拿着B超报告、跟你一个个数字讨论的准妈妈，股骨长度是一个关注焦点，因为据说股骨长度决定一个人的身高。我是那种风格比较麻辣的，遇到嫌弃自家胎娃娃腿短的，我一般先请准妈妈站起来："嗯，您的身高也不太高啊，腿也不怎么长。"再把准爸爸请进来："嗯，爸爸的身高也一般啊！"得了，那还纠结啥啊，亲生的娃像父母啊！再说了，"担心啥呀，像您这样身高的不是也找到这么俊的媳妇了吗？！"准妈妈常常"扑哧"一笑，想通了！

 沈蕾

商代一尺约合现在16.95厘米，按这个尺度，人高约一丈左右，故有"丈夫"之称。可如今选老公早已不是这个标准了！谈到身高这个问题，也许很多男人会泪眼模糊。身高是硬伤啊！我不得不承认我就是这么个眼光短浅的人，当年我选男朋友的时候，身高是我过不去的一个坎儿。我的原则是低于1.75米的，再好也不要！小时候受琼瑶阿姨的毒害太深，男主个个都是高大英俊的。话说回来，现在这个审美风潮也是愈刮愈烈，你看看所有韩剧里的男主角，标配身高必须在1.80米以上啊！

你的孩子不是你的　　　　　　　　　　😊 ➕

戴戴

朱医生

你别说，你这么做也没什么错！因为一旦结婚怀孕，遗传的因素就已成定局，再也无法改变了。

Tips：从父母身高预测孩子身高

因为宝宝的身高受遗传的影响较大，所以根据父母的身高可以在一定程度上预测宝宝以后的身高，公式如下：

男孩未来身高（厘米）＝（父亲身高+母亲身高）×1.078÷2

女孩未来身高（厘米）＝（父亲身高×0.923+母亲身高）÷2

沈蕾

◀) 你的孩子不是你的

沈蕾

我母亲的身高在她那个年代是鹤立鸡群的。我常常说："你168 cm真是浪费，在你那个时代160 cm绰绰有余。你就不能挪点给我?"我妈说:"当年我为了你能长高点也是想尽了办法，在我们家的晒台上高处悬一个乒乓球，天天让你学《排球女将》跳起来击打。要不是这样，你说不定还要矮呢!"哼! 反正现在说什么都迟了。

戴戴

据说孩子身高的35%取决于爸爸，35%取决于妈妈，其余30%则是靠后天努力。相同概率情况下，也有可能是二者的自由组合，或者更好，也有可能更坏。归根结底，就是先天性对身高来说具有很大的偶然性! 也有研究说，遗传对身高的影响只占30%左右，其余的70%由外部因素决定。在这些外部因素中，营养占30%，运动占20%，环境占25%。

英国的一项研究发现，父亲通常影响孩子的身高，而母亲则通常决定了孩子的胖瘦程度。初步的研究结果显示，父亲越高，他的子女在出生的时候也就越长;至于孩子身体的胖瘦情况，主要是由母亲的身体肥胖指数决定的。虽然婴儿刚出生时，身体的大小最初主要取决于生他的母亲的身体大小，但研究已经证实，父亲的身高对婴儿有着明显的影响，高大的父亲通常会有更长、更重的婴儿。

你的孩子不是你的

沈蕾

由于我的执念太深，最终选择的老公的身高，对儿子将来的身高应该还是会有一些贡献的，可俗话说："爹挫挫一个，妈矮矮一窝。"于是我就开始忧心——自己的身高会不会影响到孩子呢？我这个妈会不会反而成了拉低平均值的罪魁祸首呢？好吧！我唯有在后天给他补补了。两位医生，是不是让他多补钙、多睡觉、多运动就行了呢？

戴戴

 朱医生

好在人的身高除了父母的遗传因素以外，还受到其他诸如营养、运动、环境、作息等多方面因素的调控。身为父母要注意从以下三方面入手，确保孩子的身高不会逊色于遗传所能达到的应有水准。

第一，营养必不可少，却绝非多多益善。人体的生长发育依靠营养的摄取，身高更是特别依赖于蛋白质和钙的摄取。厌食或挑食的孩子，由于全部或个别营养素的缺乏，身高发育就会受到影响。另外，适用于妇孺的营养滋补品，例如人参、鹿茸、蜂王浆等，由于含有类似激素的成分，会促使性成熟有所提前，同样影响身高发展，千万别让孩子食用。

你的孩子不是你的

朱医生

第二，新生儿时期和青春期是长高最迅速的黄金期。这两个时期，身高增长的百分比涨幅是一生中最大的。在此期间密切关注孩子身体健康的各项指标，及时针对出现的问题调整营养和作息策略，千万不要等过了长身高的最佳时机才发觉发育迟缓，再去弥补就很难了。

第三，优质的睡眠（特别是深度睡眠）对于身高至关重要。上面提到的生长激素，主要是在睡眠状态下呈脉冲式分泌的。我在月子会所工作了10多年，分析了大量新生儿生长发育的数据，发现了一个出人意料的现象：对于新生儿的发育来说，睡得好比吃得好还重要。深睡眠的时间越充分，期间分泌的生长激素也就更多。想要孩子长得高，先要让他睡得好。

戴戴

戴戴

段爷还有一个很著名的段子，开会拍集体照的时候一度流行V字形排列，段爷总是当仁不让地站到中间："没有我，哪里来的深V！"所以身高不在高矮，有用才是王道，个子矮的精英古往今来多的是！

戴戴

身高是受遗传的先天因素和运动、营养等后天因素综合影响的，所以与其担忧B超单上的数字，不如在孕期多注意调整营养、适当运动，给宝宝一个良好的宫内发育环境，以后在养育孩子的过程中也要避免给孩子高糖高脂饮食，多让孩子吃钙质丰富的食物，多让孩子进行户外运动，这样孩子才能长得高！万一遗传因子实在太强大，身高改善效果不佳，那么就多花点时间在孩子才艺和情商的培养上吧，说不定也可以造就一个像段爷一样的超级男神哦！

 朱医生

你的孩子不是你的

结　语

　　我们总希望孩子能吸取我们所有的优点，但有多少父母能心想事成？又有多少父母事与愿违？身高这件事既要遵循科学，相信基因的强大，但也需要后天的努力。所谓尽人事，听天命！

第12章

宝宝的牙齿

 沈蕾

现在的家长已经越来越多地开始关注宝宝牙齿的问题了，我们这一代四环素牙的受害者，将来应该也不会再出现了。但是中国护牙的大环境依旧堪忧，许多成年人一天只刷一次牙，一年到头都不会洗一次牙，对于孩子养成一个良好的护牙习惯自然就缺少良好的土壤。毕竟，父母的榜样力量是无穷的！

戴戴

我就是四环素的一代，所以雪白的牙齿对我和我的同学们来说是遥不可及的梦想。我小时候多病，所以四环素吃得比别人还多，牙齿不仅黄，而且牙釉质发育不良，大牙还会一片片掉下来，真可怕！所以我觉得我的孩子一定不能乱用药，尽量少用药，以免出现未知的后遗症。

 沈蕾

你的孩子不是你的

沈蓓

环境对人的影响是巨大的，我所有在国外生活过多年的朋友，一般回国以后最显著的一个变化就是：看牙医可勤快了！在我们国内，你的牙不疼个半死，怕是打死也不会去拜访牙医的。

朱医生

牙齿是哺乳动物最重要的器官之一，它们不仅仅是进食加工食物的消化工具，同时也是猎食角逐争斗的武器。在自然状态下牙齿受伤受损的个体能够生存的概率是非常低的。牙病是人类特有的一种疾病，而且几乎没有人可以幸免。如果希望你家宝宝尽可能不要因为牙病影响身体健康，那么呵护好乳牙就是必须要完成的任务。

沈蓓

说到这儿，我不得不提孕期的牙齿保健，就拿我自己来说，我是一个"牙口"还不错的人，记得孕前我去洗牙的时候还得到过医生的赞许。可就在我怀孕到6个月的时候，突然有一天发现缺了一块牙，舌头舔到好像有个大洞。我不敢怠慢，立即去看牙医。医生一看，居然一边上下六颗牙都蛀了。医生给我的解释是：怀孕会出现这种状况，因为激素水平的影响。这是真的吗？

你的孩子不是你的

朱医生

戴戴

对于孕期牙齿保健，我们绝对是落后的。不要说孕妇，很多妇产科医生也不一定有认识。因为孕期激素水平的剧烈变化，对牙齿有很大影响，如牙龈增生、牙周病等的发生率都要明显高于非孕期。同时牙齿、牙周的疾病也会反过来影响孕期健康，有很多研究都证实了牙周感染会导致早产风险。但是孕妇一旦有了口腔问题，要找到合适的医生看也挺难的，大多数口腔科医生不太敢接诊孕妇，因为他们对产科知识了解很有限，担心治疗的风险。所以孕期口腔保健方面，我们需要做的工作还很多。

 朱医生

怀孕确实让牙病变得容易发作，一方面是因为孕期雌激素水平升高会让牙龈充血，如果平时有牙结石未清除干净就会表现为"妊娠性牙龈炎"，甚至出现急性牙周炎；另一方面，妊娠期间孕妇体内的钙大量被输送给胎儿用于骨骼发育，而此时牙体的一点小问题就会因为没有足够的钙来进行自我修复而呈现加重的态势。

  你的孩子不是你的

沈蕾

当时因为是孕期，我对于蛀牙什么也不能做，只好密封起来等到哺乳期过后处理。这个经验教训告诉我们，牙科的检查在孕前也是一个不能忽视的环节。准备做妈妈的姐妹们，孕前一定要做口腔检查，及时充填蛀牙，治疗发炎的牙齿，拔除无法保留的残根残冠、反复发炎的智齿，清除牙结石、牙垢等牙龈刺激物。

戬戬

朱医生

所以，平时要注意牙齿保养，特别是打算孕育孩子的女性，定期检查口腔健康，及时处理各种小问题，才是避免孕期牙病来找麻烦的正确方法。

沈蕾

你的孩子不是你的

沈蕾

回到孩子的牙齿，我们许多家长认为孩子开始出乳牙的时候是不需要特别关注的。

朱医生

朱医生

有些人认为乳牙迟早会被恒牙所替换，所以有问题也不需要治疗。这可就大错特错了！乳牙对于人体而言，只是维系十多年关系的"过客"，但乳牙对于一生的健康却起到了至关重要的作用。

乳牙担负着婴儿期、幼儿期、学龄期咀嚼消化食物的重要职能。乳牙一旦发生疾病，例如龋齿、牙髓炎、根尖周炎、牙龈炎，孩子就会因为各种不适或疼痛而不吃或少吃，又或未经充分咀嚼就匆匆咽下食物。这势必会导致营养吸收的障碍，甚至让胃不堪重负而发生胃炎。

孩子的颌面部处于生长发育的过程中，乳牙的咀嚼作用还是颌骨生长的促进剂。缺乏足够的咀嚼刺激，颌骨就无法充分发育。

你的孩子不是你的

朱医生

当然，与古人相比，现代人的咀嚼功能普遍退化，因此现代人的颌骨比古人明显小了很多。有兴趣可以去自然博物馆看一下猿人化石的造像，再对比一下身边的人，就明白了。如果孩子从小就严重咀嚼不足，颌骨得不到足够的刺激，下颌骨发育不良，就会形成"鸟嘴畸形"；如果孩子因为一侧牙齿疼痛，本能地用另一侧咀嚼食物并长期形成偏侧咀嚼的习惯，那么经常咀嚼一侧的颌骨就发达，而不咀嚼的对侧颌骨则不发达，这样从正面看脸就长歪了。

乳牙还有一个职能是：为后继的恒牙"占位"。恒牙替换乳牙，遵循着特定的时间和顺序，例如恒牙中的第一、第二双尖牙会在10 ~ 12岁的时候分别替换第一、第二乳磨牙。但是，如果第一或第二乳磨牙由于发生严重的龋齿，在8岁的时候就已经自动脱落了，那么原本乳磨牙的位置就会有2 ~ 4年没有牙齿，这样后面的牙齿就会自动地往前挤，来占领这个空档。等到了双尖牙该萌出的时候，由于原本属于它的位置被后面的牙齿挤占了，不得不向里或向外倾斜。因此，乳牙过早脱落，就是导致牙列不齐的首要原因。

沈蕾

你的孩子不是你的　　　115

沈蕾

我自己比较重视当然是因为经常听朱医生的教导，我们家宝宝开始萌出第一颗乳牙的时候，我们就开始防护啦！一开始，用一块纱布或清洁的毛巾擦洗，让孩子习惯于每天的牙齿清洁。长牙后，尤其是晚上喝完奶后会再给他喂一口水。大大小小的洁牙用品屯了不少，什么洁牙指套、硅胶牙刷指套、360度牙刷，最近他也开始用属于他的小牙刷了。一开始只用清水，不一定需要牙膏。伴随着更多的牙齿萌出，他也渐渐学会了漱口，那就可以启用婴幼儿专用的牙膏了。

但这过程也是略有波折的！在孩子一岁多的时候，牙齿已经上6下6了。但某一天我发现他的牙好黑啊！我吓了一跳！不会吧？难道这么小就有蛀牙了？我可是什么糖、果汁都不给他吃的呀！每天的刷牙做得也很不错，为什么就变成小黑牙了呢？于是急呼朱医生，朱医生专门来看了一下我们家宝宝的牙齿，最后得出结论是色素沉着。还好不是蛀牙，我长长地舒出了一口气！可色素沉着又是什么鬼？是怎样造成的呢？

朱医生

光滑洁净的牙齿表面是不会直接有色素沉着的，一定是先有牙菌斑长期附着在牙齿表面，而后由食物中的色素结合到牙菌斑上就形成了牙齿表面的色素沉着。

 你的孩子不是你的

沈蕾

这么小的孩子到底会不会得龋齿呀?

朱医生

当然会。只要有牙齿且牙齿表面有产酸的细菌,再加上一定的作用时间,就必定会导致龋齿(蛀牙),这在医学上已经是有了明确的结论的。而且儿童的乳牙由于钙化程度低,就更容易发生龋蚀了。

戴戴

因为对自己的牙齿极度不满意,所以对孩子的牙齿我还是比较重视的,也刷牙,也漱口,还买了各种各样的牙膏啊漱口水什么的,但是我女儿的牙就是容易蛀,搞得我们各种口腔诊所和医院经常跑!后来九院儿童口腔科的医生跟我说,其实蛀牙和刷牙也没有太大关系,她家儿子最不喜欢刷牙,满口牙可好啦!我晕!后来又发现姑娘的小堂哥也是一口烂牙,三天两头要补,于是释然,好吧,说明家族遗传牙口不好!不过医生也教我让孩子从小除了刷牙还要用牙线,这样可以把齿缝中的食物残渣彻底清洁掉,有效地预防蛀牙。一开始我还担心小孩子会不会不习惯,没想到娃娃学得挺快,大概她也觉得把齿缝里的垃圾清理掉还挺爽的吧!我又担心一直用牙线会不会把牙齿缝挤大了,又被专业人士嘲笑了一通,现在我自己也爱上使用牙线啦!

 你的孩子不是你的

朱医生

牙线是清洁牙齿相邻面（俗称牙缝）最安全有效的工具，不会像用牙签那样造成牙龈的损伤，非常值得推崇。不过话又说回来，完全健康的牙列是不需要经常通过使用牙线才能清除食物残渣的。反复出现食物嵌顿，说明牙齿的咬合关系或者牙周组织有问题，需要找牙医来解决问题。

戴戴

沈蕾

我们家宝宝快两岁半了，都还是只有13颗牙，上6下7。不是说两岁半的孩子，牙齿基本都长全了吗？

朱医生

 　你的孩子不是你的

朱医生

多数婴儿在7～8个月时乳牙萌出；12个月仍未萌出者为出牙延迟；2～2.5岁出齐。全副乳牙共20颗。出牙一般下颌先于上颌，按自前向后顺序萌出。乳牙萌出时间个体差异大，与遗传、内分泌、食物性状有关。一般情况下，婴儿6～8个月开始萌出乳牙，最早也有4个月开始萌出牙齿的孩子，晚的会到10～12个月牙齿才开始萌出。1岁时一般有6～8颗乳牙，假如小孩超过1周岁或长期不长第一颗乳牙，就应考虑有无全身疾病的影响。你家宝宝出牙开始的时间正常，但到30个月尚未出齐，不妨加强钙质补充，增强咀嚼的锻炼刺激，看能否在3周岁前完成。否则就得拍牙片，检查牙槽骨里的牙胚是否有问题了。

沈蓓

为什么宝宝的乳牙长得稀、缝隙大？有些牙还是尖尖的？

朱医生

 你的孩子不是你的　　　　　　　　 119

朱医生

乳牙排列整齐无缝隙的完美状态，其实只是一个瞬间。因为牙齿萌出后宽度不会发生变化，而承载牙齿的颌骨却是处在一个不断生长壮大的过程中，而颌骨的变大必然会导致乳牙与乳牙之间出现缝隙。乳牙的功能和形态也是有分工的，靠中间的上下各4颗为乳切牙，承担切断食物的功能，紧挨着向后的上下左右共4颗就是乳尖牙，承担撕咬的功能，再各自往后2颗，共8颗是乳磨牙，承担研磨食物的功能。

载载

记得带娃去看牙时，医生说她的乳牙排列很紧密，缝隙不大，所以以后估计要矫正牙齿。我以前也没注意过别的娃娃的牙齿，仔细一观察，还真是！恶补了一下口腔基础知识（我们临床系学不学口腔科？不记得了！），才知道乳牙缝隙大是为了以后恒牙的生长留地方的，恒牙比乳牙大，如果不留点空间以后就会牙挤牙，所以乳牙长得稀不是坏事，像我家姑娘那样乳牙长得挺密的，以后还真有点麻烦呢！

朱医生

那就更得让她多嚼粗纤维的食物，促进颌骨的生长发育，尽量少吃蛋糕、果冻之类的精细、不需要咀嚼的食物。

 120 你的孩子不是你的

沈蕾

听说窝沟封闭是很好的保护牙齿的方法，要几岁做才合适呢？

 朱医生

窝沟封闭，确实是保护牙齿免受龋病危害的有效手段。不过窝沟封闭只适用于刚刚萌出不久的第一恒磨牙，仅对被封闭了窝沟的这颗牙有保护作用。第一恒磨牙通常在6周岁左右萌出，家长务必在刚刚完成萌出的时间找牙医进行手术。另外，第一恒磨牙是在第二乳磨牙后面直接萌出的，不存在一个新老牙齿替换的过程，千万别等着孩子乳磨牙脱落而忽略了第一恒磨牙，到前者真的脱落，后者早就完成了萌出。

戴戴

除了用窝沟封闭的办法保护第一恒磨牙，其余的牙齿就只能靠刷牙来保护了吗？

 朱医生

刷牙是该从小培养的口腔卫生习惯，但刷牙还真没办法避免乳牙发生龋齿。自然界里只有人会刷牙，但也只有人有着形形色色的牙病。

你的孩子不是你的 121

朱医生

曾经有一家广告公司为了拍一则儿童牙膏的广告找到我，目的是让我找一个牙齿完美的一年级小学生作模特。可是在上海找了一个多月，愣是找不出一个合适的。我最后劝他们放弃原来的拍摄方案，实在需要就去偏远落后地区寻找。因为乳牙的龋齿和刷牙的习惯，都是所谓文明的产物，都是人的饮食方式发生改变之后的必然结果，而这两个结果之间并不存在因果关系。

我这么说，并非鼓励大家不要刷牙。刷牙，还是维护口腔卫生的必要手段。在美食文化大行其道的今天，各种精雕细琢的美食在满足人的味蕾的同时，也给人类的牙齿创造了无数的卫生死角，必须依靠刷牙才能清除美食带来的卫生问题。

你的孩子不是你的

结 语

　　我们一直在强调宝宝护齿的重要性，但是经常忽略了一点，就是保护孩子的牙齿，不仅需要使宝宝养成良好的口腔卫生习惯，还要从妈妈入手。大人的观念、习惯、知识都需要与时俱进！

　　最新的研究表明，预防是保护宝宝不受龋齿和牙齿畸形之苦的最好办法。宝宝的口腔保健应该始于妈妈怀孕期。宝宝的牙齿发育，从妈妈怀孕6周就已经开始了。也就是说，牙齿的数目、大小以及牙质的形成，早在胚胎时就已决定。所以，牙科医生指出，口腔保健应从妈妈怀孕时开始。牙齿是评估宝宝内分泌与骨骼系统发育情况的重要指标，也是佝偻病、营养不良、呆小病、先天愚型等疾病临身的警号，所以像关注体重、身高等发育指标那样关注宝宝的牙齿发育，应该成为称职父母的基本功之一。

第13章

带娃旅行

世界那么大，我想去看看！可是，可是家里的娃怎么办？怕啥，带上娃，来一场说走就走的旅行吧！

微信 (128)   辣妈朋友圈 (1076)

沈蕾

很多妈妈是想带娃出去走走，只是许多实操问题不太清楚，先跟大家总结一下娃娃坐飞机的相关问题吧！

Q：婴儿票和儿童票怎么买？

A： 婴儿票不可以在网上直接预定，需要致电航空公司的营业热线，或者去航空公司的售票营业部进行购票。其次，因为暑期baby乘机特别多，每一种不同的机型能机载婴儿的数量都有一定的限制，所以在预订机票之前必须先致电航空公司，告知对方行程之后，得到有婴儿票的肯定答复再订票。

Q：乘机时，婴儿票和儿童票的区别在哪里？

A： 主要就是年龄的差别，国内儿童票规定的年龄为：指年龄满2周岁，但不满12周岁的未成年人。婴儿票规定的年龄为：出生14周及以上，不到2周岁。如果是早产儿，必须满90天，且不

你的孩子不是你的

沈蕾

满2周岁可以订婴儿票。

Q：到底是按购票时的年龄来计算，还是按上机时的年龄计算呢？

A：以上机时的年龄来计算。

Q：什么样的孩子适用于申请无成人陪伴儿童服务呢？

A：会有5岁到12岁的年龄限定，申请的手续会有一定的要求。

Q：小朋友坐飞机时需要什么证件呢？

A：身份证是最好的证件，其次是出生证明和户口簿，国际航班的话，还要带好护照。

Q：童车可以上飞机吗？什么样的童车需要托运？航空公司会提供童车吗？

A：目前还没有看到航空公司可以提供童车，但是辣妈只要带着孩子，就可以免费托运一辆童车，有些折叠式的童车可以带上飞机，无法折叠的童车可以推到机舱门口，再交给工作人员，由机组人员帮你托运。但是需要注意的是，有些地方在下飞机的时候机组人员可能无法帮你把托运的童车带到机舱门口，这就需要辣妈带着宝宝来到托运行李处自己提取。

Q：飞机上还有什么服务和设备可以提供给家长的呢？飞机上有水吗？怎么换尿片呢？

A：机上有热水和矿泉水，可以帮宝宝冲奶

你的孩子不是你的

沈蕾

粉，但不提供奶粉。如果有预订婴儿餐食，也有果泥等适合儿童食用的食物，但这务必提前24小时致电航空公司的服务热线进行预定。飞机上也有可以给宝宝换尿布的尿布板厕所，大多数的飞机上也会提供婴儿摇篮，但是婴儿摇篮限重20斤，限高75厘米，如果有需要，都可以跟乘务员提出。

Q：对准备要长途飞行的父母有什么建议？

A：因为国际长途飞行时间长，父母可以带一些宝宝喜欢的零食和绘本来消除乏味，因为机上不提供尿片，所以请尽量带足宝宝所需的尿片和必备品。飞机上的空调会比较冷，请务必带好宝宝的毛毯和柔软的袜子。此外，建议家长上机之后向乘务员索要透明塑料冰袋，来存放宝宝产生的垃圾。最后还要提醒大家，如果国际航班需要转机，带宝宝的家长要尽可能预留两个小时以上的转机时间。

朱医生

 你的孩子不是你的

戴戴

我们家最早带娃旅行是宝4个多月的时候，和朋友们一起自驾去黄山看雪、泡温泉。接着一发不可收拾，9个月参加集体自驾浙西活动，1岁飞海南度假，2岁远行澳大利亚。然后带娃旅行就成为家庭常态。

很多人对此表示钦佩和惊讶，其实亲身实践下来，带娃旅行真的没有传说中那么可怕。爸爸妈妈只要做好心理和物质上的准备就好。

父母的心态很重要，带娃旅行是质量很高的亲子时间，so，enjoy it！只要在衣、食、住、行、拉、玩这6个方面做好准备就ok啦！

衣，宝宝的衣服要适当多带一些，出汗、吐奶、玩耍等都会让衣服"意外"损耗，多带几套替换总没错，而且随身包里一定要有一套随时备用。

食，吃奶的小婴儿最好弄，带上亲妈就行，妈就是奶瓶、奶粉、温奶器的综合体神器！添加辅食或者混合喂养的婴儿就比较麻烦了，奶粉罐、奶瓶、奶瓶刷、奶瓶清洗剂、小碗、小勺等装备就多了。建议经常外出的家庭要准备一套外出专用的套装，一旦出行拿上就行。

住，宝宝其实只要和父母在一起就会高兴和心安，倒是不像大人一样会挑床，不过宝宝一般会有一样特别喜爱的陪睡物品，也许是小毯子，也许是小枕头，也许是小毛巾，这个一定要带上。带上睡袋也是个不错的选择，也不用担心酒店的被子太厚或太薄了。

你的孩子不是你的

戴戴

行，带小婴儿出行必须推荐一件神器，那就是婴儿背巾，背巾有绑带式的，也有环式的，绑带式的操作比较烦琐，个人用下来感觉环式的特别好用。对于熟练使用背巾的妈妈来说，1岁以内的娃只需往身上一挂就可以到处行走，而且宝宝面朝前、后、侧都是可以灵活调整的；一旦需要喂奶，背巾也可以当成哺乳巾使用；需要换尿布，背巾又可以当作垫布；车上宝宝睡了，背巾也可以作为盖毯，真是一个神器啊！等娃会走路了，爸爸妈妈一定要多鼓励宝宝行走，等宝宝走路能力练强大了，带娃旅行就更轻松了！

拉，小娃娃尿布是出行必不可少的，但是尿布体积庞大，往往会占用很多行李空间。自驾应该没有问题，车上一般有足够的空间。如果是其他交通出行，可以随身少带一些，到当地再采买补充一些。等娃不用尿布了，就要准备好随时给娃"接恭"的装备，小男孩一个空水瓶就可以了，女孩稍复杂些，个人经验是一个垃圾袋也是很有用滴，往小屁屁上一套，屎啊尿啊全接收，袋口一扎就成。

玩，带娃旅行行程一定要考虑到适合娃玩的内容，小娃娃倒是无所谓看什么，但大人一定要边玩边跟宝宝叨叨这是啥呀，那是啥呀，这样才能和宝宝一起愉快地玩耍！千万不要低估娃娃们的领悟能力，不要以为只有游乐场才适合宝宝玩，其实博物馆、自然景点、农场等都是很不错的和娃共游的地方。

128 🔊　你的孩子不是你的　　　　　　😊 ➕

截截

作为医生妈妈，还要给大家一些额外的福利，分享一下我的旅行医药包：创可贴（重要、大小都要）、带碘伏的棉棒（需要时一折就能使用）、棉垫（非必需，化妆棉、卫生巾在紧急情况下均可替代）、冰宝贴（可在发烧、扭伤、止血时使用）、按摩膏（每晚睡前给宝宝搓背按摩，预防感冒、消化不良等）、金霉素眼膏。出门在外最怕宝宝生病或者受伤，所以带一些紧急处理的物品，做一些保健预防工作是非常重要的哦！

很多父母觉得带娃旅行最怕发生意外，但我觉得旅行最棒的体验部分往往在意外发生的时候！给孩子演示如何处惊不乱，如何动脑筋解决问题，没有比旅途中遭遇的意外情况更棒的课堂了！

有一次我少带了一块尿布，在深夜的大阪机场遍寻仅有的几家便利店也没有买到纸尿裤，我灵机一动买了一包特大号的卫生巾，在小短裤上贴上2片，完美！

在澳大利亚旅行时因为暴雨和涨潮，我们的车被困在海岛沙滩上，周围还有野狗出没，才2岁的女儿毫不哭闹，在车上听我讲野狗的故事（惊悚表情），安静地等待救援车的到来。天哪！从此以后我再也不敢小看娃娃的忍耐力了！

沈蕾

  你的孩子不是你的　　　😊 ➕ 129

沈蕾

单身的我曾经是一个非常喜欢旅行的人，2000年开始我就奉行一年一次旅行的计划。事实证明：在我保持单身生活的10年间，旅行让我受益颇多。我去了很多国家，甚至一个人前往尼泊尔3次。记得当时在暂住的Guest House里遇到一对年轻的法国夫妇，他们家才6个月的金发宝宝很讨人喜欢。夫妇二人在小楼前面的空地上铺个毯子任孩子玩耍，第二天就背在肩后徒步去了。当时我还没有孩子没有体会，现在想想我自己应该没有勇气带那么小的孩子到这样的地方，和大人一样做辛苦的旅行。

每每在微博上看见外国孩子1岁就在玩冲浪、滑板的牛人视频，不禁感叹人种的不同，老外的心之大是我们无法企及的。当然尤其是对于一个又胆小又恐高的妈妈。

我们家宝宝第一次出门是在他11个月的时候。他一路惊人的适应能力和乖巧的表现，让我有点后悔真是应该早点带他出门看看。但说实话每次带他出门，我还是依旧有些头皮发麻。网上也见识过许多辣妈的出行宝典，有些妈真的是事无巨细，就差把小马桶和浴盆也托运走，说实话这样臣妾是做不到滴！

一直觉得孩子是应该跟随大人的脚步生活的，你拥有一双爱旅行的爸妈，自己就会走遍山山水水，你有一双动手能力强的爸妈，自己就会拆拆装装不亦乐乎。

你的孩子不是你的

沈蕾

> 而那些为了孩子完全抛却自己的个人生活乐趣、全情投入地围绕着孩子的家长，生活中除了养孩子没有其他爱好的家长，一辈子的目标就是把孩子培养成才的家长，他们的孩子长大后，应该也会是一个兴趣寡淡、应变社交能力欠缺的人吧！

戬戬

沈蕾

朱医生

> 带娃旅行，是父母带着孩子认知世界、适应环境的必修课。人从形成胚胎到出生、从生长到成熟，就是从子宫进入家庭、再从家庭步入社会的一个过程。那些越早涉及或越多涉入各种或好或坏陌生环境的家庭，未来孩子的适应能力就越强。

你的孩子不是你的　　　　　　　　　 131

朱医生

而那些不怎么出门，或者出门也力求与在家的生活方式和环境条件接近的家庭，未来孩子对社会、对环境的适应能力就弱。如果不希望你的孩子将来成为宅男或者宅女，那么在他/她小的时候，作为父母一定要尽可能多带他/她出门。

所谓出门，就是走出家门，不管远近，不论奢俭，在孩子可承受的范围内，与现实家庭生活反差越大、互补性越强，对于孩子成长的帮助就越大，将来孩子的社会适应能力就越强。

至于出门要带哪些东西，完全取决于父母的生活态度，不存在一个统一的标准和规范，能满足孩子最基本的生理需求就可以了。那些恨不得把整个家都随身携带的父母，说到底是他们的内心缺乏自信所致，虽然已经为人父母，但他们自身的适应社会能力极差，不妨在带孩子出门认知世界的过程中同孩子共同成长。

湖南卫视有一档真人秀节目叫做《变形记》，且不论节目作秀的成分有多少，但参与节目的家庭有一个共同的特性：所有城市家庭的孩子都是"在糖水里泡大"的，但亲子关系却异常冷漠，除了物质和金钱的供需，很少有亲子"共同面对、并肩作战"的经历；而农村家庭的孩子几乎都是"在苦水里泡大"的，条件异常艰苦，物质非常贫乏，而且长期亲子分离，几乎没有亲情陪伴，很少感受亲情关怀。

132 你的孩子不是你的　　　😊 ➕

朱医生

节目让这两个家庭的孩子进行一段时间的互换体验，让城里的孩子进入农村的家庭，让农村的孩子进入城市的家庭……节目呈现出这种体验带来的令人欣喜的成果：原本"劣迹斑斑"几乎"无药可救"的"问题少年"迅速转变了，重新回到正常的发展轨道。且不去追究节目是否有"浓缩"或"渲染"的处理，但可喜的变化还是显而易见的。

胎儿在子宫里完全是以自我为中心存在的，所有的生理需求甚至都不需要发出信号就可以得到充分满足；孩子进入家庭就要学会与其他家庭成员互为中心，接收对方的需求信号，满足彼此的身心需要；而到了社会就必须以社会为中心，个人需求只能屈从于社会需求，否则就会表现为适应力的障碍甚至冲突。父母在家庭内就要引导孩子从以个人为中心向互为中心过渡，再通过带孩子出门让他们去体会以社会为中心的模式。把什么都安排得妥妥帖帖、滴水不漏，看着是可以非常轻松顺利地完成旅行，但其实也就失去了自己和孩子共同成长的机会。

朱医生

你的孩子不是你的　　　　　　　　　　　133

结 语

　　记得陈绮贞在《旅行的意义》中这样唱道:"你累计了许多飞行,你用心挑选纪念品,你搜集了地图上每一次的风和日丽。"

　　很多大人觉得孩子这么小,他到底能记住多少?其实,即使是支离破碎的回忆,在孩子成长的过程中,也会给到他很大的能量。你给了他/她探索世界的机会,你给了他/她认识世界的视角,你给了他/她面对一切突发事件应对的能力。当然,旅行也将你们拉得更近,并给了你们相互照顾的机会。

你的孩子不是你的

第14章

孩子该不该打

中国自古对孩子的教育就信奉"不打不成人，不打不成才"，类似的说法还有"棍棒底下出孝子""不打不成器""养不教，父之过"，即所谓"棍棒教育"。虽然现代父母打孩子的现象已远远不如以前那么频繁和严重，但气急了或者认为孩子犯错的情况下，打孩子的现象还是很普遍的。

调查显示，有 12% ~ 18% 的父母在教育孩子时，常常使用"打一顿"的方法。相信"打一顿"管用的人数，农村高于城市，爸爸高于妈妈。甚至"有时打孩子"比"偶尔打孩子"的比例更高。在某小学三年级一个班，全班43人，只有一个学生没有挨过打。

微信 (128)	辣妈朋友圈 (1076)

 戴戴

首先要承认，我是从小挨打的那个，虽然据说我小时候很乖，但是在我们那个年代，似乎很乖的女孩子也逃不过挨打的命运，因为那是那个时代所有人都认可的"常规"教育方式。至于挨打的理由，我还依稀记得的有：在姨家看电视有点晚了，说谎了，字写得太慢，不吃肥肉（在那个年代简直是暴殄天物），等等。我残留的感受是，有的打挨得心服口服，自己也觉得该！有时挨打就让我满心委屈，因为明明就是老爸自己心情不好嘛！所以，别看是小孩子，其实心里都清楚着呢！

你的孩子不是你的

135

沈蕾

我们这一代人没有被打过的屈指可数，我和戴医生一样，虽是女孩也没有幸免。当然，照我父母的说法就是："谁叫你没个女孩子的样儿，皮出天呢！"不可否认，传统的教养观念对许多为人父母者仍然有着潜移默化的影响，"三天不打，上房揭瓦"，这是很多家长的想法。因为在传统观念中，父母与孩子的关系就是上对下，没有尊重孩子、与孩子平等相处的概念。我小时候真的和海派青口的周立波一样，腿上不仅仅有拖鞋印还有尺子印，或随手捞到的扫帚的印子。作为女孩还算好的，男孩好多都体无完肤。我父母对我"大开杀戒"是在宠爱我的外公去世之后，当然他们的打法还是文明的。相比较邻居家的皮带、耳光，我们家对这种侮辱性的打法还是杜绝的。我依稀记得有一次我被爸爸罚跪，各位，你们知道的呀！跪搓板本来应该是做老公们的专利呀！可我很久以前就跨越性别边界早早享用了。但是我的古灵精怪也是从小就有的！当时跪了10分钟，有人敲门。一听就是有客人来访，爸爸让我站起身，我倔强地说"还有20分钟呢！"打死也不起来。搞得爸爸脸上青一块紫一块地下不来台。结果"no作no die"，客人走后额外再来一顿！

 朱医生

136　你的孩子不是你的

朱医生

沈蕾你小时候也够可以的。我觉得可以打啊！体罚，是行之有效的一种教育手段。不过体罚有严格的适用范围和注意事项，这就好比一味毒性较大的药，使用得当可以救命，使用不当则能毙命。

沈蕾

我相信我们的父母辈他们也是被这样教育过来的。他们小时候就常常挨父母的打骂，于是在教育自己的孩子时继承了上一辈的"光荣"传统。那也算是顺理成章！尽管他们也知道被打的滋味，心里也会产生怨恨、反抗，但毕竟自己已长大成人了，于是就糊里糊涂地把打骂当成了教育孩子的一种自然而然的措施。

也有的父母认为打骂教育最方便，见效也最快。所以，一旦孩子犯了错误有了问题，就直接动棍棒，特别是脾气暴躁的父母，更容易这样做。还有一些父母自己生活不如意、常常感到失落、沮丧，往往就会把控制孩子作为一种对现实的逃避和对权力感的满足：至少我还可以在家里有点权威。这在很多文艺作品中很常见。父母甚至把自己在社会中的压力转嫁到孩子身上，比如要求孩子一定要出人头地等。

你的孩子不是你的　　　　　　　　　　　 137

沈蕾

戴戴

我承认，我自己当妈了，也会偶尔打女儿，打的也是那个大家（包括我自己）都觉得还蛮乖的小姑娘。不过3岁以前没有打过，因为我觉得那时的女儿真是乖巧可爱，又听话，没啥好打的，当然我也一直提醒自己，不要像我父母辈那样，因为自己的情绪打孩子。等孩子渐渐大了，她的独立意识增强了，就会有很多和大人拧着来的时候，比如你着急出门，她还沉迷于故事书，催到第七、第八遍时，内心的怒火简直是熊熊燃烧起来，有时候就会控制不住吼起来、打起来。后来我反思了一下，在那种情绪和理智失控的状态下，我是轻易地复制了我曾经受过的教育方式。所以打孩子这件事是会代代相传的。

 朱医生

3岁以下，是体罚的禁止期。这个时期的孩子自我认知、身体感知和身体控制都处于形成的过程中，他没有是非对错的判断力，只有安全与否的本能反应。

  你的孩子不是你的

朱医生

3岁至6岁则是孩子的自我认知、身体感知以及身体控制已经初步成型的时期，但是对于外部世界的认知和人际交往的能力几乎还是空白，对于规避风险和遵守人际规则还一窍不通。这个时候，对于孩子本能的冒风险的举动以及挑战人际规则的举动，及时用适当惩罚加以制止，让孩子远离风险并遵守规则，是简单有效的手段。而这个时期，孩子的世界观尚未成型，说理是难以奏效的。

截截

沈蕾

中国几乎每个家庭可能都会遇到这个问题：打还是不打？不打——实在想不出更好的教育方法；打——明知不是好办法，但还是寄予希望。

一边强忍着原生家庭在我身上留下的强烈烙印，一边苦口婆心却收效甚微地循循善诱，这其中的纠结和矛盾相信大家都有深切体会。我也是在和很多妈妈和专家交流后得出了一些心得体会，我是赞成打的，尤其是男孩。但打也要有一些前提和原则！

你的孩子不是你的　　　　 **139**

沈蕾

首先，不在听到告状和坏消息的第一时间就开打。我觉得让自己冷静下来很重要，因为家长暴怒之下往往会失控。不在当下打孩子，就是不当着其他人的面，只剩下孩子和你两个人的时候，再采取行动。更不要"男女混合双打"，这是给孩子应有的尊重，家长理应保护他的面子。

其次，用工具方面，我还是比较欣赏以前私塾的做法，一把戒尺，只打手心。不用任何侮辱性的手法。有的只是正确对错误的惩罚，此时的体罚只是犯错的代价。

最后，针对孩子的犯错的等级设定惩罚的轻重，缓期执行也可以作为其中的一级，这比较适合年龄稍大的孩子，而惩罚等级的设计需结合孩子的特点进行。

 戴戴

好在我们都是还有自省力和自我成长力的（这种能力和受教育程度其实没什么关系）妈妈，不多的几次打孩子之后，我都自我反省了，也跟孩子探讨了。一般我会先告诉孩子，"打"这个方法妈妈其实也觉得不太好，而且我们俩都觉得很生气、很不开心，有时候我会承认是我情绪不好我道歉，有时候孩子也会承认自己也有做得不对的地方。

 你的孩子不是你的

戴戴

后来我们约定了一些大家都认可的规则，比如看 ipad 不能超过规定时间，比如妈妈事先通知过的时间要遵守，等等。现在遇到这样的情况，我们会互相警告，有时候我会说"妈妈的怒火已经烧起来了"，希望她赶紧遵守约定行动起来；有时候她会说"妈妈你又生气了，赶紧降温，不然也要受罚"。这样实践下来，需要动手的机会已经几乎没有了。

朱医生

孩子有些时候是需要管教的，比如孩子对一转动就来风的电风扇会好奇，好奇心会让他想要伸手去尝试，此时父母如果只是和颜悦色地用语言加以制止，虽然一时阻止了他的尝试，但不足以消灭他的好奇心，甚至还加重了他的好奇，下次有机会，好奇心还会促使他再次伸手；反之，如果是通过体罚来阻止他的冒险，那么身体上痛苦体验的记忆，会在他好奇心再度发动的时候及时唤起，并阻止他的冒险。但有些状况我个人是坚决反对的，比如便溺习惯的培养，很多孩子家长都觉得这是个非常头疼的问题，大家也常常会选择棍棒教育。

孩子不能正确地如家长的意愿排便排尿，存在三种可能性：

（1）身体感知不到排便排尿的生理需求。

你的孩子不是你的　　　　　　　　　　　　　　　141

朱医生

（2）有了感知，但还控制不了膀胱括约肌和肛门括约肌。

（3）有感知也能控制，故意为之。

对于前两种情况，只有耐心等待神经系统进一步发育完善，体罚显然并不能帮助建立对便溺需求的感知力和对括约肌的控制力。而第三种情况，绝大多数是发生在缺爱缺关注环境下的孩子身上，只有通过故意胡乱排便排尿来吸引成年人的注意，即使换来的是一顿暴打，也算是一种安全感的满足。这类情况下的打骂非但很难帮助孩子养成正确的便溺习惯，甚至还会导致他变本加厉地用类似的消极的方式来获得安全感的满足，进而导致更为严重的人格发育障碍。

沈蕾

戴戴

所以，我的观点是：打还是不打孩子这件事，跟育儿的其他事情一样，是没有绝对的。见过信奉绝对不打孩子的父母带出来的熊孩子，我简直都想帮他父母打一顿，真是应验了那句话："你不教育小孩，以后自然会有人替你教育他！"

 你的孩子不是你的

戴戴

但是打孩子这件事也绝对是个技巧活，首先必须要有明确的打的理由，这个就是家规，必须全家人包括孩子都要明确知道，比如偷窃必须打，欺负小小孩、小动物必须打，等等，这些每个家庭都可以不太一样，目的是让孩子知道，犯错是要付出代价的。其次，打必须有规定方法，比如用尺打手心，或者打屁股，根据犯事严重程度给予不同的惩戒次数（可参照法律量刑），目的是让家长不能因为自己的情绪而"随意量刑"。最后，打孩子不能打完结束，一定要有后续的分析总结，而且必须在双方情绪已经平复的时候，和孩子好好唠唠这次为啥挨打，打的时候双方的心情和感受如何，目的是让孩子知道父母打孩子的时候心里也不好受，帮助孩子知道错在哪里。额外还要提醒一点，打孩子教训孩子一定要注意尊重孩子的自尊心，切忌在大庭广众之下羞辱孩子，切忌把孩子挨打的事在亲友中广而告之，切忌使用打耳光等危险又带侮辱性质的打法。

 朱医生

你的孩子不是你的　　　　😊 ➕ 143

朱医生

6岁以上，是体罚的慎用期。到了这个阶段，孩子的世界观、人生观、价值观已经开始成型，对于是非好歹有了初步的判断，可以通过说理来帮助孩子明辨是非了，体罚不再成为主要的教育手段，应用体罚就务必要慎重了。我觉得除非涉及人身安危、挑战伦理或法律以及情绪失控蛮不讲理的情况，其他情况就不再考虑使用体罚。另外，在慎用期应用体罚，一定要注意的是：

（1）不能伤孩子的自尊。这个时期孩子已经有了荣誉感和自尊心，体罚若是损害了他的自尊，后果会很严重。

（2）体罚的理由只能是因为做错了某件事，而绝不是因为父母或者某人生气。因为做错而受罚可以帮助孩子避免再次做错；因为父母生气而受罚，下次会想方设法不让你生气，但错误还是照犯不误。

你的孩子不是你的

结　语

　　孩子不是不可以打，当然也没有一个孩子是仅靠父母的打骂成材的。每个家庭、每对父母、每一个孩子都是千差万别的，所以打与不打因人而异。家长必须明确，打孩子是一种惩戒手段而不是泄愤手段。家庭中必须建立明确的"体罚绩效管理体系"，要有制度，有目标，有执行方法，有分析总结，有心得交流。这样的体罚才会成为一种很好的教育手段，这样的体罚才能让孩子学会遵守规则。家长要寻找到一种合适的方式来和孩子沟通。现在打是为了今后不打，为孩子的成长创造一块合适的土壤。

你的孩子不是你的　　　　　　　　　　　　😊 ➕ 145

第15章

让孩子对校园霸凌说NO

2016年12月，一篇题为"每对母子都是生死之交，我要陪他向校园霸凌说NO"的文章在网上广泛传播。文章作者称，自己是一位母亲，儿子是中关村二小的学生，刚刚满10周岁，在学校遭遇校园霸凌。此事引起了网上的热议。

2017年1月，《最强大脑》官方微博发布头条文章《舞台上的天赋异禀和喧嚣后的黯然离开，你好，孙亦廷，再见，孙亦廷!》，讲述了"听音神童"孙亦廷同样因为遭遇校园霸凌无奈移民的故事。在美国，校园霸凌被称为"BULLYING"，不仅仅指的是暴力霸凌（肉体上的欺凌行为），还有言语霸凌（辱骂、嘲弄、恶意中伤）、社交霸凌（团体排挤、人际关系对立）、网络霸凌（以手机简讯、电子邮件、部落格、BBS等媒介散播谣言、中伤等攻击行为）等。

微信 (128)　　　　　　　　　　　　　　　　辣妈朋友圈 (1076)

 沈蕾

> 校园霸凌其实一直存在！以前有，现在有，将来还会有。事实上，校园霸凌也一直是世界性难题，是不少国家中小学教育中的顽疾。各国相关部门为了治理校园暴力也在不断探索，出台了各种措施。
>
> 根据《中国教育发展报告（2016）》，近年来校园霸凌发生的地域范围广泛，覆盖了绝大多数省份，且频次密集。而据教育部统计，2016年5月至8月，接到上报的校园霸凌事件达68起。

 你的孩子不是你的

沈蕾

新近发生的多起校园暴力事件正趋向"规模化"，施暴形式也更加多样化，令人意外的是，女生施暴行为占到一半，多采取侮辱方式，对受暴者造成了心理上的严重伤害。校园霸凌事件在世界其他国家也时有发生。在美国，校园霸凌情况严重。调查显示，大约1/4的学龄孩子为长期受害者，大约30%的孩子牵涉欺凌事件，不是加害者就是受害者！

想想我们小的时候，虽然那时通讯不发达、信息闭塞，但几乎每一个同学都隐隐知道，校园霸凌事件就发生在身边。谁班上没有几个学习成绩差、家里条件不好的"倒霉蛋"，他们不是今天被A打几下头，就是明天被B恶作剧一番！当然这还是我们可以看见的。在他们的回家路上是不是会被抢走零花钱，会不会被暴打一顿，我们不得而知。这就是校园霸凌，每一代人都会碰到。

朱医生

作为心理咨询师，透过孩子之间的这种欺凌现象，我看到的是原生家庭里夫妻关系和亲子关系存在的种种问题。无论是霸凌事件的加害者还是受害者，其原生家庭成员之间出现的种种非正常状态，恰恰是造成霸凌伤害的元凶。可以这么说，校园霸凌事件就是家庭关系危机的冰山一角。

你的孩子不是你的　　　😊　⊕

朱医生

我们不妨把校园霸凌事件的当事人简单地分为三方：加害方、受害方以及参与方。其中加害方和受害方，往往来自成员关系存在重大缺陷的家庭，或父母离异，或家庭暴力，或父母长期外出由其他亲属代为照顾……如果在0到6岁这个世界观、人生观、价值观形成的关键时期，孩子在这种环境下长大，其安全感往往会是缺失或者缺损的，而安全感的这种缺陷如果得不到正常的弥补，那么孩子就难免会通过异常的方式（比如施虐或者受虐）进行代偿，若任其发展还会导致人格障碍。

法西斯头目希特勒，恐怕就是一个最典型的例子。专家研究表明，尽管希特勒的自传极力掩饰自己童年的不幸，但事实证明他生长在一个充满暴力的家庭，从他父亲那里他得不到丝毫安全感。然而，人对于安全感的需求如同对于食物、水和空气一样不可或缺；从父母那里通过正常的方式得不到安全感的满足，就必定会通过其他途径去获得异样的安全感的满足，这就好比人在饿极了的时候会有人去偷盗抢劫，也会有人去沿街乞讨一样。

沈蕾

 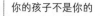 你的孩子不是你的

戴戴

作为家长，也许我们更应该想一想的是，如何教养自己的孩子，不让他/她成为霸凌者或者受害者。

回顾一下我们找得到的校园霸凌事件的施暴者，看一看他们的成长背景就会发现，这些孩子其实都是"缺爱者"。有的孩子从小没人关心，没人肯定，学习成绩也不好，他就用欺负人这样一种方式来赢得别人的注意，赢得他的"成就感"和尊严；有的孩子虽然生在富裕家庭，但父母给予的多是钞票和满足一切物质条件的溺爱，反而没有给予孩子陪伴和亲情，这样的孩子也会因为不被重视，或极度缺爱，而容易用暴力手段来寻找自己的存在感；有的孩子的暴力行为则是"世袭"的，父母的教育简单粗暴，从不顾孩子的感受，一有问题就用拳头说话，这样家庭出来的孩子习得的处世方式，自然也是处处用暴力开道。

再来看看受害者，我们当然知道孩子受到欺负后会有多难过和恐惧，有些孩子甚至还会因此造成长久的心理创伤和健康方面的问题，影响到成人后的生活。

戴戴

你的孩子不是你的 149

戴戴

哪些人容易成为受害者呢？有一项对瑞士学生的调查发现，男性霸凌受害者一般在家庭关系中，与父母关系过分紧密，或者家长对孩子过度保护；而女性受害者，则更多来自被情感虐待的家庭。所以我们又看到家庭环境和教育对孩子的影响了，对孩子过度保护，使得孩子根本没有机会去学习实践如何处理与伙伴的冲突，等父母没法整天守着的时候恶果就来了，他们不懂如何保护自己，也不懂抗争，自然成为霸凌者欺负的首选。家庭支持系统也很重要，缺乏支持的孩子也缺乏自信和勇气，容易被选择为受害者，一旦受害者有比较完善的家庭支持，受到欺负后有地方诉说，有人出面交涉，就不容易受到二次欺凌。

朱医生

朱医生

确实，按照马斯洛的需求层次理论，安全需求是仅次于生理需求的基本需求。当一个人还是妈妈腹中的胎儿时，他是最有安全感的；而人一旦进入纷繁复杂的社会，与生俱来的安全感就会清零，完全需要依靠建立人际关系来获得安全感。而通过什么样的方式来获得安全感，就取决于原生家庭的亲子关系。

朱医生

假设父母从小对孩子就是关爱有加、无微不至，童年的安全感极强，那么孩子长大后就会对任何人都友善，甚至是个不谙人情世故的"傻白甜"；假如孩子是在离异、暴力、冷漠的亲子关系中长大，安全感在出生后从未被满足过，那么长大后他必定对他人、对社会怀有戒心甚至敌意，很有可能成为校园霸凌事件的加害方或者受害方；如果孩子从小就被寄养，不得不通过察言观色、见风使舵来获得安全感，那么长大后难免就是个欺软怕硬、从众、势利的小人，往往就会成为校园霸凌事件的参与者。

葳葳

所以作为父母或者抚养者，一定要尽己所能给予孩子爱和关注，如果从小能够给孩子比较稳定的抚育环境，陪伴孩子成长是最好的。如果做不到亲自抚养，那么也不能做甩手掌柜，要经常跟孩子通过电话、视频、书信等进行沟通，表达对孩子的爱和关注。有人会说，现在社会大家都要忙着挣钱，没空带孩子，其实很多时候这只是大人的借口，想要更轻松一点、更自由一点罢了。孩子的成长转瞬即逝，一旦错过永不可追，童年和家庭对一个人来说太重要了。所以我很欣赏一本书《再忙也要做一个好妈妈》，这句话本身就很经典，很多事情不是不可能，只是你愿不愿去努力。

🔊　你的孩子不是你的　　　　　　　　😃 ⊕ 151

朱医生

沈蕾

那面对霸凌我们到底该怎么办呢？

我记得刚成为主持人那会儿，可以说我自己还是个孩子。当时，我接到过一个听众有关校园霸凌的电话。我一直记得那个郁郁寡欢的声音，大致的事件就是她被班里的同学持续进行恶意的欺负，那时候还没有"霸凌"一词。他们把胶水倒在她头发上，以致一头头发被迫剃掉。上课被踢掉凳子更是家常便饭！我当时能给出的建议就是告诉家长，告诉老师，她告诉我这一切都做了，但无果。我当时怀着深深的无力感挂掉了电话。也不知这个孩子最终是否渡过了难关？不敢往下想！

很多家长赞成以牙还牙，对孩子说：面对欺凌的时候你为什么不反抗？我们常常"哀其不幸，怒其不争"。我们一边教育孩子打人是不对的，无论如何我们都不可以打人，一边要求他们在面临霸凌的时候勇敢地站出来。那我们的孩子到底要不要打架呢？这个自古以来孩子处理冲突所用的主要手段要不要延续下去呢？我援引我节目的嘉宾，交大心理咨询的刘晔萍老师有关怎么教孩子打架的一些原则：

你的孩子不是你的

沈蓓

"首先心理上不要害怕。可以先给对方口头警告三次，希望不要再欺负自己，若对方不听警告，可以约一个时间和地点（以校外为宜），双方一对一打架对决，并请同学观看。对决的规则是保护自己的要害部位（头面部和生殖器部位），也不伤害对方的要害，点到为止。"

当然我认为告诉老师，让老师去干预管教是主要的方法，同时法律法规也是不可缺少的。我国现行法律出于对未成年人的保护，使他们在犯罪后常得不到有效处罚，这也是导致校园霸凌行为屡屡发生的原因所在。

为了加强校园霸凌的预防和处理，我国国务院就曾发布专项通知要求全国中小学校（含中等职业学校）针对发生在学生之间蓄意或恶意通过肢体、语言及网络等手段，实施欺负、侮辱造成伤害的校园霸凌行为进行专项治理。

 戴戴

你的孩子不是你的　　　 　153

朱医生

其实我个人并不赞同对于霸凌事件"严惩凶手，追究刑责"的呼声，首先是因为大多数涉事学生还都是不具备完全民事行为能力的未成年人；其次是因为无论是霸凌事件的加害方、受害方还是参与方，他们其实都是亲子关系问题的受害者。我觉得还是应该采取"高度重视，严肃处理"的策略才能最大限度地保护涉事三方的长远利益。只有以剔骨疗伤的勇气去直面亲子关系，真正找到问题的症结所在，然后以积极的态度去改进、去弥补，才能从根本上减少这一现象的发生。

 沈蕾

家庭关系能够有根本性的改变当然最好，不过要处理好校园霸凌，家庭、学校、法律，我觉得缺一不可。我们可以借鉴他山之石，针对校园霸凌行为，英美两国都具备较为健全的法律体系。以英国为例，有两部相关的法律：《恶意通讯法》和《平等法》。美国则有5部法律涉及中小学校园霸凌行为：《民权法案》《教育修正案》《康复法案》《年龄歧视法案》及《残障人士法案》。 美国的校园暴力范畴，被列入的法律主体有4个：教育主管部门、学校工作人员、家长、校外机构，美国非常重视"家长"和"校外机构"在校园暴力发生后应负的法律责任。

  你的孩子不是你的

沈蕾

美国法律规定，在学生出现违法、反社会，甚至任何具有威胁性、挑衅性和破坏性的行为时，法院也可以对家长发出"教养令"。这样的举措，将家长有效带入校园暴力的治理范围，也减轻了有关机构的压力。有责可以纠，才是法律最后可以落到实处的关键。

还有非常重要的一点需要讨论，那就是：被欺负的孩子家长应该做些什么？可悲的是，其实很多家长根本不知道孩子在校园里受到霸凌。有调查显示，被欺凌者中有50%不愿意告诉父母，怕父母看不起自己，也不愿意告诉老师，怕被报复。所以我们能不能让自己的孩子在第一时间就可以对我们开口求助，这也是许多家庭需要走出的第一步。你是不是他/她强有力的后盾？是不是他/她可以依靠的港湾？还是一个只会在出事后一味责怪孩子、让孩子打回去的简单粗暴的家长？霸凌事件只是一个导火索，它让我们窥见的是这些孩子背后的家庭、父母和养育失当的问题症结。

　朱医生　

你的孩子不是你的　　　　　　　　　　　155

戴戴

在这里提醒家长，如果孩子有如下表现，要引起重视：孩子的情绪突然变得低落；孩子告诉你有同学经常针对他；孩子有一些不愿意告诉你缘由的伤痕；孩子忽然性情大变、行为异常等。如果你的孩子不幸遭遇暴力对待，家长也务必要记得做几件事：第一时间给予孩子安全保护，如护送上下学、告知老师等；告诉孩子"这不是你的错"；接纳孩子的情绪，切忌指责孩子无用；告诉孩子，不管发生什么事情，父母都会站在他这一边，支持他/她。

 朱医生

涉及霸凌事件的加害方、受害方抑或参与方，其实都存在安全感缺失的问题，都会通过攻击行为来获得安全感的满足，只不过加害方的攻击目标指向他人，而受害方的攻击目标指向自我。因此，仅仅依靠严刑峻法不是杜绝类似事件的有效手段，通过家庭的温暖和关爱让孩子能有妥当的方式满足安全感，这才是从根本上解决问题的方法。只有当父母以孩子需要的方式给予孩子充分的关爱，让他们的安全感得到充分的满足，那么他们才不会对他人、对社会不信任甚至带有敌意，那样也就没有必要通过对他人或者对自己的攻击行为来获得安全感的满足了。

结　语

　　在成长过程中，青少年往往需要通过越轨行为去探寻行为的边界，需要通过互相之间的欺凌寻求存在感与成人意识。发生率较高的学生欺凌，在某种程度上可以说是青少年的一种"正常"成长现象，这在犯罪学理论中已成为一种共识。犯罪学家莫菲特甚至认为："那些在青少年时从未参与过任何犯罪或越轨行为的人存在某些生活或心理缺陷。比如说，缺乏社会交往技巧，个性孤僻，不善于交友。"上海政法学院刑事司法学院院长、教授，上海市法学会未成年人法研究会会长姚建龙接受采访时曾说："大部分青少年在过了青春期后并不会把罪错行为带入成年人期，这被称为青少年不良行为的'自愈'，而绝大多数校园霸凌行为也具有自愈的特征。"

第16章

让你的孩子离性侵远一些

2016年7月,《南方日报》的记者诱奸女实习生的事件在各大社交网络引起轩然大波。然而,不仅是成年人之间会发生这样的事,小朋友现在遇到性侵的问题也是十分普遍。无独有偶,在同年10月开播的《爸爸去哪儿》第四季,女童阿拉蕾和董力并不是真实的父女关系,而是节目组为了收视率和噱头,特意组合在一起的。这对所谓的"萌父女"搭档,让一些专业人士担心传播的内容和释放的信号,可能会导致更多女童和孩子遭受性侵,甚至会让很多家长多年对子女的预防性侵教育毁于一旦!

孩童被性侵,很多时候不是发生在陌生人的暴力和胁迫中,而更多的是熟人和亲人作案!根据权威调查显示:75% ~ 90%的受害者是被认识或信任的人所侵犯!

从2012年到2015年,被媒体曝光的儿童性侵案有968起,受害儿童超过了1790人,而近四成的父母表示从来没有教过孩子如何避免性侵害。因此,儿童防性侵教育已经成为摆在父母面前不容回避的课题。

微信 (128)　　　　　　　　　　　　　辣妈朋友圈 (1076)

 沈蕾

> 我自己曾是广播节目《性情中人》的主持人,对于一名年轻的女性,在10多年前来受邀担任这个以性为主题的节目的主持,也是经过一番挣扎并需要无比勇气的。

你的孩子不是你的

沈蕾

但我应该比大多数的为人父母者都要更早更真切地感受到性教育，尤其是孩子的性启蒙教育，对于一个孩子成长的重要性。我们当年去大学校园巡回演讲，我是负责青少年性教育的。在学校礼堂给同学们做讲座，在深夜接听来自宿舍的热线。一个同学打，七个舍友听。我告诉他们如果初尝禁果，如何保护自己……这一切至今历历在目。现在偶尔也会在一些场合碰到单位中层和我说："沈蕾姐姐，我是听着你的节目长大的，你陪伴了我的高中和大学生涯。"当年的性教育其实已经晚了，要不是家庭和学校双双不作为，也轮不到一个电台的主持人来担当此任。

朱医生

大千世界，芸芸众生，除了少数低级生物以外，性无处不在。不过一谈到人的性，大多数人要么私下里津津乐道，要么人前谈性色变，却几乎没有应有的理智态度。而对于孩子的性教育，通常是家长指望老师，老师指望家长，而孩子们则在成人们对性教育无所作为下，在对性实践的乐此不疲中慢慢地无师自通。

以自学成才的方式，绝大多数的孩子凭着与生俱来的聪明才智，最终都可以从黑暗中摸出门道，甚至达到精通的境界。

你的孩子不是你的

朱医生

不过这种学习方式还存在两种可能性：第一，孩子在对性好奇、探索、尝试的过程中犯错甚至犯罪，或成为性侵的受害者，或长大后成为性侵的加害者；第二，自学成才的成绩达不到系统教育的水平，对于类似意外怀孕、染上性病没什么防控力。如果你对这两种可能性都无所谓，那就略过下面的文字去下一个话题；假如不希望这两种状况发生，恐怕就得对孩子的性启蒙有所作为啦。

 戴戴

沈蕾

我们在性教育方面其实有着很多的误区。比如有的家长认为孩子还小，还不懂；有的家长则认为孩子不感兴趣，不用教；当然也有的觉得以后迟早会懂，会无师自通的。当孩子已经有性别意识的时候，有的妈妈还会带着男孩子进女浴室、女厕所。我们就是在这样的环境下长大的一代人，我们的性观念、性知识真的是来自后天的自学成才，但事实证明不是所有的人都能走向正途，很多人付出了惨痛的代价。

你的孩子不是你的

沈蕾

性别意识首先就是要在家里建立，让孩子知道"我跟亲生父母是有分别的"，自然跟外面的叔叔阿姨就更有分别了。对孩子的性启蒙教育，究竟应该谁来负责，又该如何着手呢？

 戴戴

朱医生

性启蒙教育可以分为三个层面，分别在不同的阶段由不同的人来负责：

基础层面——性观念，就是对性的看法、态度、原则和底线。性观念决定了一个人在性方面为人处事的原则，性观念正确了基本上就不会太出格。树立孩子的性观念，天生就是父母的使命，没有人可以代为完成。性观念的树立，不在乎言传而在于身教，父母是如何看待性的，父母是如何彼此互动的，父母是怎样与异性交往的……所有的所作所为在孩子眼里就是学习和效仿的对象，并且最终都会慢慢固化为孩子的性观念。千万不要为了教育孩子，故意在孩子面前装出一副道貌岸然、夫妻相敬如宾的样子，背着孩子却干一些偷情越轨的事，这只会让孩子怀疑一切，甚至会干出令父母后悔不已的事。

你的孩子不是你的

朱医生

中间层面——性知识，就是对于两性的解剖结构、生理特征、心理特质等各种两性问题的理论知识。掌握了足够的性知识，意外怀孕、得性病等有可能造成健康损害的机会就大大降低。性知识的传授，除了家庭以外，主要靠学校、老师和媒体，性知识是人的知识体系中不可或缺的一部分，学校和老师一定要担负起应尽的教育义务。另外，在这个信息爆炸的互联网时代，网上充斥着各种各样鱼龙混杂的"性知识"，老师和家长务必主动地加以正确引导，避免孩子被那些消极的信息误导。

高级层面——性审美，就是建立在性观念和性知识之上的、有关两性的、多元化的审美体验和情趣体验，性审美无所谓正确与否，只是每个人的感受体验各不相同。性审美的学习，没有人可以教授，全凭自己去观摩、体验、尝试、探索，在性观念正确、性知识丰富的前提下，性审美的实践越充分，人生的愉悦感、满足感、幸福感就会越强。

 沈蕾

你的孩子不是你的

戴戴

在家庭教育中我们一定要注意教给孩子性别界限，前提是我们自己的行为也有明确的界限，比如女孩子到了一定的年龄就不能由爸爸来帮着洗澡，男孩子大一些了就不能让他光着屁股到处跑，教孩子上厕所时关上门，不要随意把孩子带进异性的厕所如厕，等等。当孩子能够明确知道家庭成员之间也是需要界限的，他才能分清和其他人的界限，减少因为不懂这些而招致的性侵。

沈蕾

我认为从孩子很小的时候开始，我们做父母的就应该尊重孩子的身体，可以平和地谈论身体甚至生殖器。让他用一个正常而不是猎奇的心态来面对性。教给他关于身体接触的一些基本原则，潜移默化地提高孩子的自我保护能力。

朱医生

你的孩子不是你的

163

戴戴

近几年媒体曝光的儿童性侵案件真不少，发生的场合有幼儿园、学校、家里、教育机构等各种场所，性侵的实施人有工作人员、司机、教师、亲戚、邻居等，受到侵害的不仅有女孩也有男孩。在中国社会中，谈论"性"从来不是一件容易的事情，所以还有很多性侵案件没有曝光，受害人也选择沉默。作为父母，每每看到这种事件都会感到说不出的心痛，相信很多家长也一样觉得害怕恐慌，但又不知道该做些什么来应对，只能在微信朋友圈里转达愤怒。

 沈蕾

著名公益项目"女童保护"发布了《2014年儿童防性侵教育及性侵儿童案件统计报告》。调查显示，目前我国义务教育小学阶段的防性侵教育存在普遍缺失的问题。

"女童保护"项目对3 400多名儿童的调查显示，仅有20%的孩子知道什么是性教育。对于"如果遇到有人不经你和家人允许，要摸你或脱你衣服，你知道该如何求助和自救吗"的问题，有14.6%的孩子选择"不知道"；在选择"会"的85.4%的人中，有约一半的孩子选择了"大声呼喊"。

  你的孩子不是你的

沈蕾

实际上，"女童保护"防性侵教案和国内外专家都强调，性侵犯罪可能发生的地域有公众场合和密闭偏僻场所两类，如果儿童在后一种情况下一直大声呼喊，可能会导致犯罪者起意杀害孩子的结果。

戴戴

有了正确的性认知和性知识，我们的孩子才会有能力识别性侵和抵御性侵。在很多案例中，尤其是熟人性侵的案件中，有的孩子根本不明白这就是性行为，大人随便骗一骗就相信了，就服从了，这就是性教育缺乏的严重后果。跟孩子用正常的态度谈论性，谈论需要注意和防范的事情，比如短裤背心的身体部位不能让除了医生和妈妈的人碰，不能随便向异性裸露身体等，遇到不明白的、不舒服的事情可以向父母和老师求助，等等。当孩子们知道可以和父母谈论性方面的问题时，他们才有可能真的求助于父母，不然所有的防范措施可能只是摆设，孩子遇到了伤害也会不敢讲给父母听。

 沈蕾

 你的孩子不是你的　　　　　　　　　　 165

沈蕾

虽然国内目前还没有一部经过科学论证的全国性防性侵教材教案，但是还是可以给孩子一些原则性的忠告：

（1）可以抚触自己的身体，但抚触隐私部位不宜当众进行。

（2）如果别人不喜欢你碰触他／她的身体，你就不能随意接触别人的身体，更不可以接触别人的隐私部位。

（3）除了父母、其他特别亲近的照看者和医生以外，不要让任何人触摸你的隐私部位。

（4）如果有人触摸自己的隐私部位，要离开对方并要求对方停止这种行为。

父母可以让孩子穿上游泳衣，给他／她指出具体是哪些部位不能碰，另外告诉他／她，不仅异性不准碰，同性也不能碰，这是不礼貌的。除了说，你还要用行动给他／她演示一遍，让他／她牢记。

告诉他／她什么是"熟人"，什么叫"可能"。无论平时看上去如何正经，如何和善，都坚决不允许他们触碰你的身体。具体到哪些部位，什么样的语言，如何界定性骚扰，这些都要讲清。如果他人有不轨行为和言语，要第一时间报告老师，还有妈妈，不用害羞。不仅是女孩，男孩也要注意。

男女交往得有规则和底线，这种规则也是小时候在家庭中培养的。如何保持和异性家长亲密的分寸，也是父母们要考虑的。每个人都是独立的个体，我们和任何人都不可能亲密无间。

 　你的孩子不是你的

沈蕾

我曾经在美剧里看见过这样的场景，让小学时期的小男孩儿和小女孩儿组队扮演父母，连续一周，照顾一个会发出哭声的玩具宝宝。半夜都会哭起来哦，要抱抱，假装喂吃的，假装换尿不湿什么的，后来听说这是国外比较著名的启蒙教育，这作为他们的社会实践作业是要上交的。需要记录次数，活动结束后会评比最优。

在这一作业中，孩子除了可以体会到当父母的不易外，当然也会产生很多关于婴儿的疑问。老师再进一步引导大家，男女发生关系后就会出现小宝宝、胚胎发育等生理知识，让男生女生注意生理卫生和安全。

 戴戴

让孩子学会说"不"也是很重要的教育，很多家长的口头禅是"孩子你要听话"，这句话本身就很有问题，不正确的话怎么能听呢？不对的事情怎么能让做就做呢？对于孩子的合理拒绝，家长一定要理性对待，绝对不能一味压制；同时家长也要以身作则，孩子不合理的要求也要坚定地说"不"，这样孩子才能学会拒绝去做危险的事。

⇒ 他山之石

- 最近10年里，全美有1/3的学校增加了禁欲教育，提倡将性行为推迟到婚后，并告诉学生实行安全性行为的做法。
- 在荷兰，与学其他课程一样，孩子6岁进小学时就开始接受性教育，孩子们甚至会在餐桌上和父母讨论这方面的话题。
- 日本每所初、高中都有专门由专家学者组成的"协助者协会"，负责向学生提供各种性咨询、性教育，并编写教育指导手册。虽然家长也会向孩子讲一些相关知识，但日本学生的性知识主要从学校获得。
- 2004年，新加坡教育部制订了一个系统的性教育方案，并为中学低年级学生设计了一套多媒体性教育教材"成长岁月系列"，随后又推出3套"成长岁月系列"教材，分别适用于小学高年级、中学高年级和中学以上的学生。

结　语

　　父母重视孩子的防性侵教育及防范意识的培养，这不仅是为人父母者的责任，也是育儿智慧的一种表现。当孩子出生后，父母就会自觉地呵护孩子，让他们免于受到各种各样危险的伤害，让孩子的成长之路可以顺畅、平安。也有很多家长以安全之名过度保护孩子的。但唯独在孩子面对性侵害和性伤害的时候，因为涉及"性"这样一个难以启齿的话题，我们的许多家长选择了逃避，因为不知怎么谈起，有的还会一厢情愿地认为：我们家的孩子是不会碰到这样的事情的。

　　究其原因，除了传统观念的影响之外，主要还是我们对儿童性侵犯的认识不足，重视不够。但是大家要知道一旦这样的事件发生，对于这个孩子的人生就将是一个不可逆的，甚至是毁灭性的打击。所以该为人父母者要负担起来的责任，不要推给学校、社会或是孩子自己。做称职的爹妈吧！

你的孩子不是你的

第17章

过火的玩笑

2016年12月21日晚，在"年度敲萌宝贝"盛典上，演员沙溢和胡可的儿子安吉上台领奖。作为颁奖嘉宾的郭德纲跟安吉开起了玩笑，只是这玩笑过了火，让原本欢乐的场面变成了颇有争议的一幕。短短几分钟内，郭德纲不下五次提到他是安吉爸爸的话。事后，郭德纲这样回应：这世界很乐呵，这世界没有不能开玩笑的……在他看来，这不过是一个玩笑，逗孩子玩而已，有什么大不了的？孩子这么小，懂什么啊？可是，孩子真的不懂吗？

微信 (128) 　　　　　　　　　　　　辣妈朋友圈 (1076)

沈蕾

仔细想想中国的许多孩子都曾经被这样逗弄过。记得我小时候经常会去妈妈的单位洗澡，工厂的那群叔叔阿姨们总会有人问："你喜欢爸爸还是喜欢妈妈？""你妈妈不要你啦！""你爸爸妈妈在家吵架吗？"诸如此类的问题、玩笑我都经历过。我已经记不得当时我是愤怒还是不屑了。但最近一次带2岁的儿子出席亲戚的婚礼时遇到的一些事还是历历在目的。大家知道现代人碰个面不容易，通常这样的婚礼是一个五湖四海朋友会面的地方。许久不见，一见你孩子这么大了，好多朋友是真喜欢，于是他们就开始逗孩子玩。这就是中国人的习惯，大家压根没有觉得这是个事儿。侬要是为此"板面孔"，人家还觉得你蛮大惊小怪的。

 你的孩子不是你的 　　　　😊 ➕

沈蕾

事情是这样的，当时儿子从没见过这样的热闹场面，简直玩儿疯了。上蹿下跳，从这桌走到那桌，所到之处叔叔、阿姨、伯伯、婶婶都要和他玩儿。这个拿支烟给他，那个让他喝酒。我知道他们这是逗孩子呢，也可以感受到他们满满的善意！但中国的这个逗孩子和闹新房一样没个底线。我相信很多妈妈和我一样拉不下这个脸。当时我也是脑子里转了无数个方案，也想像某些推送号里所说的那样义正词严，同时也是"断六亲"地说，"我家孩子消受不起，我消受不起！"

但到了现实生活中真是拉不下这个脸，这时候也是真考验"情商"的时刻。我不想让这样的局面无休止地进行下去，于是情急之下只得抱着孩子走人——借口换尿布！

 戴戴

相信所有和我同龄的人都在小时候听过"你是从垃圾桶里捡来的"这句话，不过我不知道有几个小朋友是当真的，也已经记不清楚自己第一次听到这类话时的感受了。但是至今我也不明白大人们要跟小朋友们这样讲话的目的是什么，这就是在中国很普遍的所谓"逗孩子"。我所能想到的恶劣的逗孩子的方法有：

你的孩子不是你的   171

戴戴

给孩子一样好吃的或者好玩的东西，等孩子伸手或者张嘴的时候突然"变脸"，不给了，看到孩子很尴尬或者很失望的表情，大人们就觉得好玩好笑。或者孩子在吃东西的时候大人会说"给我吃一口吧"，如果孩子犹豫或不给，大人就故意板起面孔说孩子"小气"，但是如果孩子真的诚心把食物递给大人时，大人又拒绝了，说"还是宝宝吃吧"。这样戏弄孩子会让孩子对于大人的态度不知所措，不知是否应该信任大人的话。

还有的大人喜欢这样戏弄孩子："你看你爸爸不要你了""你妈妈生小弟弟了，就不喜欢你了""你不听话所以妈妈不回来了"之类的，通常孩子听到这样的话会非常着急和恐惧，甚至会大哭，因为对于小孩子来说，遗弃是个天大的事，而经常这样被戏弄的孩子会在安全感和对人的信任方面很有问题。

大人还喜欢利用孩子的幼稚无知来故意诱导孩子犯错，然后再奚落嘲笑孩子取乐，这样的行为就更恶劣了，会让孩子感到羞辱、失落、不自信，时间长了，孩子会对自己的行为不敢肯定，唯唯诺诺或者畏缩不前，在心理健康方面造成长远的影响。

朱医生

你的孩子不是你的

沈蕾

在攀枝花，一个父亲带着2岁的儿子去朋友家聚会，父亲的3个朋友逗孩子喝了2两白酒，这个年轻的小生命，在他还没来得及感受世界的美好时，就被这么残忍的方式带走了。

一个轻飘飘的"逗"字，掩盖了许多成人不妥行为带给孩子的伤害。其中有心理的，也有生理的。

喜欢"逗"孩子的大人觉得自己并没有恶意，有些也确实没有意识到自己的越位。很多是出于喜爱才去"逗"孩子。这种现象在外公外婆、爷爷奶奶的口中也很多见。"到底是妈妈喜欢你还是外婆喜欢你啊？""奶奶给你吃东西不要告诉妈妈哦！"诸如此类。我记得当年何炅问多多，她是爱妈妈还是爸爸的时候，多多非常生气地说：这个问题很难回答，因为她爸爸妈妈都爱。你如果说爱爸爸，可是妈妈那么难地把你生出来，如果说爱妈妈，可是爸爸也那么辛苦的赚钱也都是为了你（大概就这个意思）。当时现场好多妈妈们都感动哭了，真心觉得多多真懂事。所以大人为什么要问孩子这么无趣无谓的问题呢？你想要得到什么样的答案呢？有时候说愚昧都不为过！

戴戴

你的孩子不是你的　　　　　　😊 ⊕ 173

蔽蔽

相信绝大多数大人逗孩子都是因为觉得孩子可爱，喜欢孩子，想和孩子亲近，但是亲爱的大人们啊，孩子不是小动物，他们是有自尊心、有人格的，他们和大人一样不喜欢被欺骗、被捉弄，被不尊重，所以请像尊重一个成年人一样尊重每一个孩子。如果你真的喜爱孩子，就请给孩子带来欢乐和欢笑；如果你真的喜爱孩子，就请用童心和智慧与他们游戏；如果你真的喜爱孩子，就不要利用孩子的信任和幼稚。

朱医生

我看到了两位妈妈对这些无聊的，甚至过火的玩笑的愤怒，也非常理解两位的护犊之情，不过我还是主张不必介意别人跟孩子开玩笑，更不必在意玩笑是否开得过火。

孩子来到这个世界，就得跟各式各样的人相处：亲人、熟人、陌生人……关系错综复杂；还得通过语言与人交流：真话、假话、客套话……往往真假难辨。随着孩子一天天长大，他/她的活动范围难免会超出我们的视线，迟早会不在父母面前，跟其他人沟通，如果不想他/她被陌生人轻易拐走，我们至少要教会他/她识别好人、坏人、不可信的人，听懂真话、假话、待证实的话。

你的孩子不是你的

朱医生

如果父母只是一味地语重心长地关照孩子：不要轻易相信陌生人的花言巧语，千万不能跟陌生人跑……如此苍白的说教真能起到防拐的功效吗？我觉得这些说教，只有当孩子结合了过往被玩笑话捉弄、吃亏上当、有过真切的"切肤之痛"之后，才能真正起到防拐的作用。

当孩子能够理解语言，并开始牙牙学语的时候，他的认知中并没有真话、假话、玩笑话的区别。而成年人在交往的过程中，能否识别真话、假话、客套话，能否听懂别人说话的"弦外之音"，才是决定一个人情商高低的关键。人生第一次被开玩笑的时候，当事人往往都是懵的，当体会到这就是所谓的"开玩笑"时，当事人多少会感到些许失落和难过。我至今还清晰地记得，大约在我5岁的时候，我的伯母和我开的一个玩笑：当时我在祖母家等我爸爸接我回家，我伯母跟我讲"你今晚要是不回家的话，我就带你去苏州玩"。结果我信以为真，一本正经地跟爸爸说，我今晚不回家了，我要跟伯母去苏州玩了。后来当大人告诉我这只是一个玩笑的时候，我哭得好伤心啊。不过从此以后我就学会了辨别一句话是真话还是玩笑话。其实，父母亲很少有机会通过故意说假话来教育孩子识别真假话，恰恰是亲戚朋友的那些玩笑话，才是教育孩子的绝好机会。

你的孩子不是你的　　　　　　175

戴戴

真善美是生命中最美好的东西，也许在成人的世界这些缺失得太多太久，让我们这些大人逐渐变得无趣或者恶趣味，但请不要太早把这些丑恶带给防御能力还不够的孩子。作为母亲，我觉得保护好自己的孩子是我的职责，遇到这样的恶趣味，我一般会当面平静、礼貌但是坚决地请大人不要这样逗弄孩子，哪怕是长辈，这也同时是在孩子面前演示了如何合理地拒绝他人。如果遇到不便当面指出的场合或者人，我就会把孩子直接带离，并跟她解释刚才大人那样做不对，强调妈妈对她的爱和肯定。

朱医生

沈蕾

孩子幼年时所接触到的一切对他们一生影响重大。有时，对大人来说，只是一个无关痛痒的玩笑，对孩子来说，真的造成了什么后果恐怕也已经是不可逆转的了。

沈蕾

孩子的纯真是需要我们去细心呵护的，让他们不受尘世的纷扰，是我们为人父母者必须要承担的责任。逢年过节，就是亲戚朋友聚会的集中期，也是"逗"孩子的高发期。

当你面对："上我们家吧，反正你妈妈不要你了""来，宝贝，给我们跳个舞嘛，跳个舞叔叔就给你红包！""你妈妈要生弟弟了，以后不爱你了哦"……如何应对呢？

我个人的经验：

（1）和家里的其他成员达成共识，至少在家里杜绝出现不必要的逗弄和无趣的玩笑。

（2）出门在外，可以通过言语让别人体会到你的不悦或不喜欢。知趣的人自会闭嘴。

（3）对于硬要给小小孩吃坚果、让年幼的孩子喝酒的，直接离开不做纠缠！

（4）不管怎样，在面子和孩子之间，孩子是第一位的。

沈蕾

你的孩子不是你的

朱医生

我赞同父母从保护孩子的角度出发，防范过火的玩笑或者恶作剧对于孩子可能造成的伤害。比如攀枝花的那个案例，会造成这样的悲剧除了恶作剧给孩子灌酒的人太无知以外，父亲的不作为也是重要的原因。我觉得沈蕾在孩子陷入困境的时候，把他抱去"换尿片"就是比较明智的。身为父母有责任、有义务把孩子从过火玩笑的困境中解救出来，还要教会孩子明辨真话、假话、玩笑话，区分亲人、熟人、陌生人，这样就不会轻易被过火的玩笑伤害了。

与其煞费苦心地去阻止孩子接触过火的玩笑，我觉得还是提高孩子对玩笑话的鉴别力和对玩笑的承受力更为重要，这就好比隔绝孩子接触致病菌不如提高孩子的免疫力更能有效防止孩子生病一样。

当孩子已经能承受一般尺度的玩笑之后，我建议还得教会孩子应用玩笑来处理人际关系。开玩笑，在生活中是一种很常用的互动交流方式。开玩笑的尺度，也反映了人际间关系的亲密程度。越是关系亲密的人，越是可以无所顾忌地开玩笑；而越是陌生的人之间，越是不敢贸然开玩笑。社交高手，往往可以通过试探性地开玩笑来琢磨对方的脾气秉性，也可以通过开玩笑来拉近彼此的距离。

你的孩子不是你的

朱医生

即便父母不指望孩子成为擅长开玩笑的社交高手，但是我相信家长并不希望孩子成为别人眼中"开不起玩笑的人"吧。孩子对于玩笑的承受力有多强，取决于家长对于玩笑的承受力。无论这个玩笑是否过火，轻描淡写一笑了之，恐怕才是最洒脱的应对之策。

结　语

　　凡是情商高的人，在与人开玩笑时都会为自己留余地，他们大都能掌控开玩笑的度，让玩笑成为缓解气氛、消遣娱乐的一种方式。是不是开得起玩笑，其实在成人世界也是一个社交的通行证。谁也不希望自己的孩子将来是一个开不起玩笑的人，那也挺可怕的。但是只顾自己与他人开心，忽视了被开玩笑者的心情，这样的行为在某些人看来触犯了做人的大忌。孩子在小的时候，家长还是要适当保护的。记得陶行知先生有段小诗：人人都说小孩小，小孩人小心不小，你若以为小孩小，你比小孩还要小。请所有的大人都要向小孩学习真和善，我们才能和孩子一起享受世界的美好和成长的快乐！

你的孩子不是你的

死亡教育有多难？！

第18章

刘晔萍老师， 上海交通大学心理咨询中心资深咨询师，副教授，国家二级心理咨询师考官。曾经先后在小学、大学任教，有丰富的教育经验。多年的教师、母亲、咨询师的角色担当，三位一体的丰富阅历和积累，让刘老师拥有了敏锐的觉察力和很强的影响力，也让她陪伴许多家庭和学子重新拥抱了快乐幸福的生活和学习。

每年的清明、冬至，因为中国的习俗和传统，我们总是不可避免地要提起死亡这个话题。在我们国家，两件事情是避讳的，是不可谈的：一是性，二是死亡。对于前者，暂且不论。对于后者，我们认为它是可怕的，是"触霉头"的。

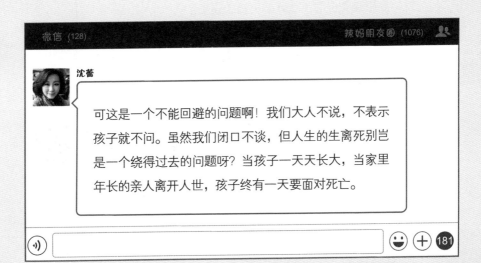

沈蕾

可这是一个不能回避的问题啊！我们大人不说，不表示孩子就不问。虽然我们闭口不谈，但人生的生离死别岂是一个绕得过去的问题呀？当孩子一天天长大，当家里年长的亲人离开人世，孩子终有一天要面对死亡。

181

沈蕾

那么如何跟孩子谈论死亡呢？大多数家长是用回避的方式来应对孩子这方面的疑问，也有一些家长出于保护的原则，粉饰装点。中国的父母喜欢在自己力所能及的范围内，帮孩子过滤痛苦、筛选信息，希望让孩子尽可能一路坦途，免于磨难，结果这样做反而让孩子对死亡产生更深的疑惑和恐惧。

记得我12岁那年，我经历了人生第一次死别：外公去世了。当时直到在殡仪馆里送行，我都没有掉一滴眼泪，还因此被家人斥为"没有良心的孩子"。我很委屈，因为外公是我最亲的亲人，那种亲密甚至超过了父母。我像很多上海孩子一样是外公外婆带大的，小时候听过的所有的故事，包括《西游记》《封神榜》《水浒》都来自外公的讲述。当时我也很自责，生气自己为什么哭不出来？直到从殡仪馆回家后的那天夜里，我把自己反锁在外公的房间，面对空荡荡的房间终于失声痛哭，这场号哭也让我如释重负，觉得自己终于不是那个没有良心、让外公失望的孩子了！

这就是大部分中国家庭的常态，平时讳莫如深，谈"死"色变。但真正当孩子面对至亲的告别手足无措时，家长又不知如何疏导。

刘晔萍

你的孩子不是你的

戴戴

死是生的另一面。不知道是不是因为职业的关系，我对生死的看法是挺超然的，每天我们在产房迎接新生命，同时又在急诊室、ICU等医院的另一边送走一些生命。这就是生命的常态。

但是对于大多数国人来说，包括我们自己的父母、祖父母，死亡仍旧是一个禁忌的话题，也是一个尴尬的话题，大人们往往不知道如何去和孩子谈论死亡，更不明白到底应该用什么态度去面对其实是不可回避的死亡。于是，我们的告别场景往往哭天抢地，殡葬仪式无比复杂，悼词千篇一律且无限拔高，最后，丧礼在一片混乱和一场热闹如喜宴的"豆腐饭"里匆匆结束。作为参加过好多次这样的丧礼的中国孩子，幼年的我曾很不理解。后来看西方电影一直很欣赏那些西式的葬礼，简约、庄重、克制、追思，那才是生命应该得到的最后尊重。

 戴戴

 刘晔萍

我们的12年基础教育基本不和学生谈死亡，我们的家庭中许多父母也害怕和孩子谈死亡。可这是生命的议题，人生实质上是一场从产房到殓房的旅途，死亡是每个人的生命终点。

你的孩子不是你的　　　　　　　　 183

刘晔萍

成年人无知的后果是恐惧。于是在我们的日常生活中忌讳谈死，特别是不和孩子谈死亡，连带谐音的数字"4"都被讨厌。而孩子们对于未知是好奇的，想探索，但他们对于死亡议题的探索却常常会遭到父母的严厉禁止。孩子们在父母的影响下成长起来，成为新一代父母。于是如何与孩子谈死亡就成了跨越几代人的家庭教育难题。

朱医生

人从一出生开始，其实就是在一步一步走向死亡。但对此，绝大多数人并不能察觉到，或者即使有所察觉也会本能地回避。对于未知的新鲜事物，人的本能反应是好奇和警觉，只有受到了伤害或者惊吓才会导致恐惧。其实恰恰是父母面对孩子提出的有关死亡问题时所表现出的或恼火地斥责或讳莫如深的回避态度，加深了孩子对于死亡的恐惧。

我们谁都不曾真正体会过什么是死亡，所以要教会孩子正确看待死亡，又谈何容易？初为人父人母，自己也可能未曾经历过与亲人的生离死别，对于死亡都未必有一个清晰和客观的认知。但是作为成年人，对于死亡总是有一个基本的态度的，或恐惧，或无畏，或逃避，这就构成了人的生死观。父母或许无法告诉孩子究竟什么是死亡，但无论如何有两点必须要让孩子明白：一是生死不可逆转；二是时间无法倒流。

你的孩子不是你的

沈蕾

死亡是什么呢？死亡就是不动了，不说话了，不会再做任何事，最后尸体慢慢腐烂到泥土或化为灰烬，亲人就不复存在了，永远消失了。就像一颗种子从发芽长成小树苗到枯萎，最后和泥土合为一体的过程；人死后也像一只小蝴蝶、小虫子、小鸟、小猫、小狗一样，被埋进泥土永远也不能出来了。

鉴于我已有过一次糟糕的死亡告别经验，后来的人生中，当我的宠物狗也将离我而去、生命垂危时，我把奄奄一息的它送去了宠物医院。结果回家后还是哭了三天！告别、死别对我来说太可怕了，我无法面对。这还仅仅是一个宠物，那么面对亲人的离去，我们又将怎样呢？

沈蕾

我们来看看国外的"死亡教育"吧！

英国皇家学院于1976年建立了死亡教育机构，开设了远程教育课程。1988年教育改革方案使这一课程囊括了"死亡和悲哀"等学习项目，健康教育的标准也包括了"死亡和丧失"课程，为年龄低至11岁的儿童开设内容与死亡有关的课程。教育部门认为，这门课程将帮助孩子们"体验同遭遇损失和生活方式突变有关联的复杂心情"，并且学会在各种"非常情况下把握住对情绪的控制力度"。

你的孩子不是你的　　　　185

沈蕾

2005年，在斯坦福大学的毕业典礼上，乔布斯发表了他人生中最重要的一次演讲，当时他已经确诊患有癌症，他也在演讲中坦诚地谈到了"死亡"："没有人愿意死，即使想上天堂，人们也不会为了去那里而死。但是死亡是我们共同的终点，没有人逃得过。这是注定的，因为死亡可能是生命中最棒的发明，是生命交替的媒介，送走老人们，给新生代开出道路。现在你们是新生代，但是不久的将来，你们也会逐渐变老，被送出人生的舞台。抱歉讲得这么戏剧化，但是这是真的。"

朱医生

刘晔萍

关于死亡教育的难题，最关键的是作为父母角色的成年人自己内心的恐惧。死亡对我们的影响是什么？死亡对我们的影响最重要的是失去了联结的可能性，失去了爱和被爱的机会，所以对于死亡的恐惧常常把我们带离了当下，无法珍惜此时此刻，享受与人联结和爱的体验。

 你的孩子不是你的

刘晔萍

当作为父母角色的成年人可以好好爱自己，珍惜与人的联结，表达自己在关系中的爱和关心，对于死亡的恐惧就可以转化成对于当下拥有的一切的感恩和珍惜。所以如何将对于死亡的恐惧转化成对当下拥有的珍惜，这是作为父母需要补上的一课。

三岁以下的孩子无法理解死亡，所以聊死亡话题可以从孩子三岁以上能聊天对话的年龄开始。

孩子常常会问：人死后去哪里了？父母可以实话实说，不知道的就坦诚表达你"不知道"，知道的就可以告诉孩子你知道的。一旦父母以这样淡定坦诚的态度应对这个难聊的话题，孩子就会感觉轻松，而不是恐惧。

 戴戴

 戴戴

我是一名妇产科大夫，工作离生与死很近，这点也引发了我对生命和死亡的思考。我非常赞同刘老师说的"生命是一场从产房到殓房的旅途"。有了孩子以后，我便很自然地想到应该对孩子进行死亡方面的教育，毕竟孩子一定会经历亲人亡故、宠物死去这样的生命的告别。

戴戴

曾经买过一本书，叫《会做饭的孩子走到哪里都能活下去》，和4岁的女儿一起读（当然是我读给她听），书里讲日本的一位生癌症的妈妈，在有限的日子里每天教给4岁的女儿做饭和其他独立生活的能力，好让她在妈妈去世以后也能好好吃饭、健康生活下去的故事。这是我尝试的一种死亡教育，无需刻意去和孩子讨论或说教，在阅读的过程中，故事本身就会教我们去理解死亡和生命的意义。

 刘晔萍

随着孩子的成长，关于死亡的讨论会越来越深入，这样的讨论实际是在考验父母的成熟度。还记得儿子在大学休学期间和我们讨论这个难题的情景：

儿子：妈妈爸爸，我这么多年在外面漂泊，根本不知道明天会发生什么，万一发生什么的时候，你和爸爸怎么办？

我：我和你爸爸讨论一下。我们的答案是万一发生什么的话，我们决定好好活下去。同样的问题，你的答案呢？

儿子：我也答应你们好好活下去。

现在回看当时的讨论，我们彼此都非常理智，虽然还是不敢提死亡这个字眼，不敢触及悲伤和恐惧，只是在讨论我们面对亲人死亡时的决定和承诺。

你的孩子不是你的

刘晔萍

但是无论如何已经是一大进步了，因为在许多家庭中这样的对话都是不可能出现的。如果现在我们再谈，我相信可以聊聊悲伤和恐惧，聊聊爱和被爱，聊聊如何珍惜当下的拥有。死亡意味着失去，失去在提醒我们珍惜现在拥有的一切。这是讨论死亡带给我们的意义。

沈蕾

这让我联想到最近看到的一个故事，国外的一对父母意外双亡，留下了姐弟俩。姐姐11岁，弟弟才7岁。当他们处理完父母的后事，姐姐对伤心的弟弟说："去给爸妈写一封信，把你的感受写在里面，但写完后就放下吧！我们要继续我们的生活，我们只能把爸妈放在心里了……"。逝者已去，我们可以思念，但更应该继续努力生活，这也是当孩子面对亲人的去世时最应该有的态度，是父母最应该对孩子说的话。

刘晔萍

你的孩子不是你的

 189

朱医生

我觉得对于死亡的认知，没有对错之分，因为我们无从判断孰是孰非。也正因为如此，所谓的"死亡教育"，不必刻意为之，顺水推舟、无为而治才是最有效的途径。身为父母，面对生死，你的态度、选择、言行，就是对于孩子最有说服力的教育。一切有悖于真实内心的说辞，无论它有多么华丽、多么感人，恐怕都无法实现教育的目的。空洞的说教，非但教不会孩子正确地看待生死，反而让他学会了口是心非和言行不一。

 载载

能够正视生命、直面死亡才能让我们在活着的时候更加珍惜生命，而不是把生命的能量浪费在对死亡的恐惧、焦虑中，或者浪费在对生命的恣意挥霍中。这才是死亡教育的意义所在，不仅要对孩子做死亡教育，我们自己也要学习、纠偏和成长，不要让避谈死亡的传统再一代代地延续下去。

朱医生

 　你的孩子不是你的

刘晔萍

死亡并不可怕，可怕的是没有珍惜当下的拥有，直到失去才后悔和痛苦。作为父母如果清楚这点，和孩子谈死亡也就没那么难。

你的孩子不是你的

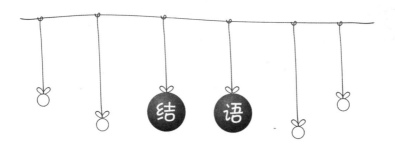

结 语

　　即使刻意回避死亡的话题，我们也无法阻止人们走向死亡的步伐。想成为一名称职合格的父母，希望下一代能活得精彩、活得自在的话，那么我们最好就要努力用客观的眼光看待生死，既不害怕死亡，也不向往死亡，既珍惜时间，又敬畏生命，那样迈向死亡的步伐才能从容而辉煌。

你的孩子不是你的

第19章 老公说明书

微信 (128)　　　　　　　　　　　　　　辣妈朋友圈 (1076)

沈蕾

> 在男人们觉得女人是个神奇生物的时候，女人也一样觉得男人是个匪夷所思的物种。你会发现，老公外表刚强，但内心脆弱；老公谎话连篇，但言出必行；老公朝三暮四，但尽职尽责……
>
> 而老公的这些行为习惯无论是好是坏，是对是错，都是男人本质的体现。

戴戴

> 有一本书叫《男人来自火星，女人来自金星》，是我对于"男人"这种产品的认知启蒙，让我知道了原来虽然同属人类，男人和女人其实是两个产品系统的，就像同样是手机，苹果和华为是不一样的。（猛敲黑板 ing！）
>
> 在当了好多年妇产科医生，观察了无数"男人"和"女人"后，感觉有必要为那些还没有掌握"男人"使用方法和技巧的女性朋友们提供一份较为详尽的使用说明书，避免因为使用不当而造成宕机、断线、开机延迟、自燃等后果。由于产品相当复杂，仅针对孕期产后的辣妈阶段作出说明。

戴戴

常见故障排除指南：

1. 不能猜到你的心思，并且在你撒娇生气后还是不能猜到，让你怀疑是不是老公有了二心，不愿意全心全意对你了！

No，这完全是操作路径错误引起的，老公使用说明中有一条禁忌叫做："不要让男人猜猜猜！" 正确的打开方式是直截了当地告诉老公，我要×××，麻烦你帮我×××，这样的话老公会很愉快地接受指令，并且不会做错了。

　　"我们误以为如果配偶爱我们，他们必定会以确定的方式反应和表达——如同当我们爱某些人时的反应与表达方式一般。这种想法使我们不断地感到失望，也阻碍我们花时间温柔地沟通彼此的不同。"

　　——摘自《男人来自火星，女人来自金星》（格雷 著，谢珺容 译）

沈蕾

你的孩子不是你的

朱医生

我倒是要替孕妇们说几句公道话。男性阳刚，女性阴柔，本是人之天性。男人的表达直截了当，女性说话却委婉含蓄，这是两性的差异造成的。而怀孕期间的女性，体内雌激素的水平处在空前绝后的高水平，孕期是女性一辈子中最女人的阶段，说话比平时更婉转也是很自然的事。要求孕妇能像男人一样直截了当地表达自己，也是挺为难她们的。

丈夫能够准确地理解妻子讲话的真正内涵，这是需要一段时间"修炼"的，而怀孕期间正是"修炼"的最佳时机。为了提高效率，避免理解上的错误带来不必要的麻烦，丈夫不妨把你的理解说出来向妻子求证。如果理解正确，太太最好对老公大肆夸奖一番；如果理解有误，千万不要埋怨，而要明确地说出你真实的意图。如果能坚持这么做，孩子诞生之后夫妻俩的默契度一定可以显著提高，只是这需要双方共同努力。

沈蕾

我在节目里常说"与其让他陪你生产，不如让他陪足你每一次孕检"。段爷在他的微信公众号里说："整个孕期大约需要进行 10 ～ 12 次产检，每次都要让老公陪同也不太现实，不过如果老公一次都不来也是有问题的。"

你的孩子不是你的 195

沈蕾

关于选择什么项目让老公陪，可以在段爷的《哪几次产检最好有老公陪伴？》微信推送文中找答案！段爷又说："谈朋友的时候，你基本上是处于'公主模式'，结婚以后进入'不确定模式'，怀孕以后自动升级为'女王模式'，可以借着肚子里的宝宝对老公呼来唤去，作威作福了。"可是据我了解，很多女孩子一直在"公主模式"和"女王模式"档位上随意切换，试想这么高的 level，还怎么升级呢？

也有很多姐妹说：有没有嫁对人，怀孕后就能看出来。孕期是女性身体和心灵最为脆弱的时候，作为一个合格的丈夫，应当给妻子足够的呵护和关心。但是有的姐妹，在怀孕后，却发现自己嫁给了"渣男"。

 朱医生

担心老公在怀孕期间会出轨，这是绝大多数孕妇内心不可明说的隐忧。如果说明书中有怎么应对老公出轨的绝招，相信我们的书一定大卖！很多女性对于老公的忠诚没有十足的信心，对于老公不在自己眼前的所作所为有着无尽的担忧。抓又抓不住，放却放不下，夫妻关系变得异常微妙。于是，女人们就会想方设法用各种手段来试探、监管、考验自己的老公。

 你的孩子不是你的

朱医生

我曾经接触到这样一个案例：太太在怀孕2个月的时候做了一个老公有外遇的噩梦，她伤心地在梦里号啕大哭，直到把自己哭醒。醒来之后她辗转反侧、左思右想，最终决定采取史上最严"高压监管"措施——只要老公不在她身边，每2小时通一次电话报告行踪，甚至还要他身边的同事或朋友确认。结果刚开始老公还接电话，后来干脆不接电话了，甚至还躲着不回家，最后真的出轨了。可见很多事情，使用不当、操作不对都会出现故障甚至死机。题外话，孕期出轨固然是老公的错，但老婆的"高压监管"举措绝对是铸成此错的重要推手。怀孕期间对于老公既不能放任不管，也不能如此"高压监管"。放任不管，会让老公感觉自己不被需要，而一旦在别处让他感觉"被需要"，麻烦就随之而来。而男人又像握在你手心的沙子，你攥得越紧他流失得越快，所以无论是不是孕期，"高压监管"不会让男人更忠诚。正确的做法是：让老公参与到孕育孩子的过程中来，无论是陪着做产检还是在家数个胎动都让他参与，如果是怀二胎那就把老大托付给他照顾……总之要让老公感觉孩子需要他，只要当父亲的责任感有了，其余都不再是问题了。

沈蕾

你的孩子不是你的　　　　　　　　 197

戴戴

还有就是关于陪产这件事！

2. 老公对于"是否进产房陪产"一事态度不明朗、不坚决，你怀疑他是害怕，他又不承认！

好吧，也许你的怀疑是对的，男人也会怕黑、怕血（很多哦）、怕蟑螂……但是你不能说出来！不能说出来！不能说出来！男人更害怕的是伴侣的指责和批评，他们比女人更在意自己是否有男子气概，而你只是觉得有趣想逗逗他。给他时间，到时候让他决定是否要进产房陪你，还是只在产房外等待；另外准备一位亲人进产房陪你，或者只要导乐陪伴就好。千万不要把他"是否有勇气进产房陪你"和"爱不爱你"联系起来。

　　"男人最深的恐惧是他不够好或不够资格。当他害怕时，他就会表现得毫不关心。"

　　　　——摘自《男人来自火星，女人来自金星》
　　（格雷 著，谢珺容 译）

戴戴

你的孩子不是你的

朱医生

对于愿不愿意陪产，我觉得要理性看待，千万别跟"是不是爱你、在乎你""会不会成为好丈夫、好父亲"等联系在一起。把原本不是必然相关的两件事凭自己的主观臆测强行联系起来，其结果只能是蒙蔽自己的判断。

男性同女性的思维模式是有区别的。男人通常会就事论事、客观理性地对孤立事件作出判断；而女性则通常依赖直觉，注重各个事件之间相互的关系来作出决定。比如，一对情侣在逛街的时候，女孩提出想吃冰激凌，假如男孩飞快地跑去路边小店买了两个，然后给你一个之后自己也津津有味地品尝起来，或许你就会以为"他对我真好，对我言听计从，而且还乐于分享我的喜好"，而其实他的内心想法或许是"她的提议真好，我也正想吃冰激凌，只是没好意思说罢了"。假如男孩从路边店沮丧地回到女孩身边，递过一瓶矿泉水说：冰激凌没有买到，口渴就喝水吧，冰激凌吃多了容易胖。这时女孩的内心却有可能是这样想："是不是他不在乎我？多走几家店总是能买到吧！他是不是嫌弃我胖呢？"假如男孩拿了两个冰激凌回到女孩身边，奉上两个冰激凌给女孩说："喜欢吗？都给你，我不吃。"女孩美滋滋地吃着冰激凌，激动地想："他很爱我吧？他自己不吃，把好吃的都留给我。"而其实男孩内心在偷偷地笑："这妞真傻！两个冰激凌就搞定了，其实今天促销——冰激凌买一送一。"

你的孩子不是你的　　　　　　　　　199

朱医生

由此可见，站在女性的角度永远无法揣摩出男人内心真实的想法。如果还要一味地以女人之心度男人之腹，那么结果恐怕不是自作多情就是自寻烦恼。

沈蕾

孕妈们，想要知道你们家男人是不是爱你、在乎你？请自行对照以下内容：

- 你们的爱爱，你说了算。（以科学知识为前提，既不是绝对不可以，也不是以自己为前提，而是以老婆的感受为第一考虑。）口口声声说"男人都是有欲望的，忍不了"的男人，根本不值得女人为他生孩子。

- 陪太太产检和上课。（做过产检的妈妈都知道，一个人在医院奔波，排队、拿单子、缴费、检查，产检忐忑的心情就更不用说了。万一有什么问题也没个人商量！如果老公爱你，不会缺席每一个环节、每一个瞬间，就算没有时间，也会安排其他人陪你去产检。）老公该做的是及时记录胎动、胎心、早孕反应以及其他情况，为医生提供参考。帮助妻子练习分娩动作和呼吸技巧，帮助妻子进行家庭自我监护。

- 主动承担家务。（变着法儿地给你改善伙食，下厨做既营养又健康的孕妇餐，也会时不时地带着馋嘴的你去吃你想要的美食。孕后期帮你洗脚、剪指甲、系鞋带。）如果老公能做到这样，那就得恭喜你啦！

200 你的孩子不是你的

沈蔷

- 孕期,他的时间都给你。(不管工作多忙都不忽视怀孕的你,周末总是挤出时间陪你。一起去给孩子备备货,在家组装组装婴儿床。下班之后两个人出去散散步、聊聊天,看看电影。抓紧时间享受二人世界!)

  老公要做好太太的"保镖",陪妻子外出时,防止妻子受到不经意的伤害,如碰撞腹部等。

- 照顾你如过山车似的孕妇脾气。(怀孕后,孕妈的情绪会变得敏感脆弱、易怒易伤心。一个个都瞬间变成"林黛玉"!一般来说,准妈的心情调整离不开老公的体谅和理解。)

- 24小时外卖服务。(孕期的妈随时随地会想吃些稀奇古怪的东西,什么冬天的西瓜、半夜的春卷、早上的麻辣烫。而且老公还是"残羹收纳袋",这些吃的通常是宠幸一口的节奏,剩下的都要老公"代劳"。)

- 积极学习育儿知识。(育儿可不是孕妈一个人的事情,而是夫妻双方的责任。如果老公不仅在心理上做好了迎接小生命的准备,也在行动上做好了迎接的准备,那肯定是一个好老公啦!)

  以下是晒恩爱时间,不喜勿喷。

  "顺便也夸夸我们家先生,现在回忆起来都有许多事情让我感动。

  真的是'润物细无声',让我对他刮目相看。真正觉得自己没有选错人!"

你的孩子不是你的

沈蕾

所以亲爱的妈妈们，很多事得回到开始的时候，你的眼光"毒"吗？选的人对吗？重大事件最考验人，而在这个和平的年代，一个孩子的出生足以搞得人"人仰马翻"的了！

 段爷

不过，最后请允许我替"臭"男人们说几句话，虽然怀孕以后你可以升级为女王，可以对老公呼来唤去，但是最好不要太过分。

🔊　你的孩子不是你的　　　　　　😊 ➕

结　语

　　小作怡情，大作伤人。不怕女人作，就怕怀孕的女人要求多。是的，怀孕以后你需要更多的关注，更多的照顾，更多的陪伴，都没有问题，BUT IN A REASONABLE WAY，好不好！

后记

戴戴

一直自称"非典型妇产科医生"，是因为内心总有一种冲动，感觉医生除了每天看病开刀以外，还有很多事情可以做、应该做，比如科普，比如健康教育，比如疾病管理等。所以现在我除了仍然是一名妇产科医生，还同时是一名科普写手、心理咨询师、医疗志愿者、医院管理者。

我一直认为，相遇就是缘分，和沈蕾从相识到相知，到共同合作一些节目，缘分匪浅啊！也很感恩通过沈蕾的节目能够把知识和观点传递给更多的朋友，这次我们又合作了这本书，就是想把这样的分享通过文字的形式能够保留下来，继续传递。

写作是个痛并快乐着的过程，我们三个从一开始就抱定了一个宗旨：这不是一本教科书，不是一本可以按图索骥的宝典，而是观点的碰撞与汇合，希望能够给到读者一些共鸣，或者说一些启发，并能够引发读者的思考，从而找到自己的育儿之路。

真心希望通过这本书结实更多的朋友，共同来探索更健康、更和谐、更美好的生活！

你的孩子不是你的

朱医生

一个新生命从子宫来到你的家庭，伴随一天天的成长再由家庭一步一步走向社会……这就是每一个人的成长历程。父母亲把自己身上什么样的基因遗传给孩子，自己无从选择；好在把孩子塑造成一个什么样的人，为人父母还是可以有所作为的。父母亲不遗余力、呕心沥血地关爱他、呵护他、哺育他、栽培他，无非是希望他成为同伴眼里和善有趣的玩伴、老师眼里聪明好学的学生、上司眼中务实能干的部下、情人眼中魅力无穷的对象、同事眼中可靠大度的队友、配偶眼中值得信赖的负责的伴侣、子女眼中慈爱奉献的父母……，总之是一个受人欢迎、对社会有贡献的人。

这不是一本育儿的教科书或者操作指南，而是《辣妈朋友圈》的主持人和嘉宾对于大家关心的育儿话题的各自观点的表达，其中未必能找到有些人想要的"正确答案"，但希望通过观点的碰撞引发读者的思考，进而形成每个人各自的育儿观念。作为作者，我们只能在确定话题和各自撰稿的过程中尽量谨慎准确地表达，以求清晰传递我们的想法；而至于会有多少人愿意买书、买了书之后看不看、看了之后有没有帮助，那我们恐怕就无能为力了。其实养育儿女跟撰文写书一样，父母就好比孩子人生的作者，创作的过程漫长艰辛，一旦孩子成人就意味着截稿。想创作完美杰作的家长，请在创作中多花心思多花时间，一旦截稿就不要再横加干涉了。正因有感于此，我们才一致决定把此书起名为《你的孩子不是你的》。

你的孩子不是你的　　　　😊　➕　 **205**

沈蕾

做了25年的主持人，这应该是我的职业生涯中第二本书了。但真正意义上称得上是亲自操笔，还要算是这本《你的孩子不是你的》。以前电台出书大部分是节目内容的节选。这次在我的两位多年密友——朱医生和戴医生的鼎力支持下，奉献给诸位辣妈潮爸的那满满的可都是干货啊！

2015年在我自己的孩子出生一年多后，我的这一档《辣妈朋友圈》节目也问世了。让当妈后时间不够用的辣妈们，只需要在开车回家的路上，用短短一小时就可以在众多育儿知识中去芜存菁。当时是本着自学也是学，何不分享给其他妈妈们的想法，开设这档电台节目的。再加上身边又有两大高手、左右护法，所以也希望独乐乐不如众乐乐，自己受益的同时可以帮到大家。让大家忐忑不安、鸡飞狗跳、鬼哭狼嚎的产后生活也可以更淡定一些、更自如一些。可以这么说，我真的是和大家一起在学习、一起在成长。我的孩子在育儿上遇到问题我也会在节目里和大家一起探讨、分享。

渐渐地，我发现在育儿的很多问题上，我们不再像最初的时候那样需要一个精准的答案，如：到底十几毫升的奶？到底是喂几口？可以抱还是不可以抱？越学习就越发现，在养育和教育孩子这个领域是没有标准答案可循的。很多问题追根溯源，往往不是孩子的问题，而更多的是家长的问题。当然这其中的原因错综复杂。

你的孩子不是你的

沈蕾

这和每一对父母的原生家庭留下的烙印、每一个父母自己的成长轨迹、三观、视野都有着千丝万缕的联系。最后我们发现问题的症结其实就是我们——为人父母者，我们自己合不合格？是不是一个孩子可以学习的榜样？我们在要求孩子做这做那的时候，我们自己又可以做到多少呢？

当我们反问自己的时候，才能看清育儿的本质。要育儿先育己！同时还有一个非常重要的问题，也就是我们的书名《你的孩子不是你的》中反映的。你的孩子是你的吗？你的孩子属于你吗？你的孩子是你的私人财产吗？你可以任意左右他（她）吗？当然不行！他（她）是借由你来到这世界的独立个体，从出生，他（她）就是一个独立的个体，一个崭新的生命。只有把他（她）当成是一个独立生命来尊重、来对待，这才是为人父母该走出的第一步。一旦走出了这一步，你就会发现很多问题迎刃而解，很多心病不治而愈。

你的孩子不是你的